Francis Bailly

La structure intelligible de l'univers

Variations sur le thème
« Symétries / Brisures de symétries »

Préface de Miora Mugur-Schächter

L'Harmattan

Ouvrages du même auteur

Notamment :

Livres

(comme auteur)

L'anneau des disciplines, Rev. Int. Syst., n° spécial, 5, n° 3, 1991
et édition posthume complétée, en ligne, Association Française des Sciences Cognitives et Techniques, Res Systemica, 2010,
http://www.afscet.asso.fr/resSystemica/bailly/bailly.html

Mosaïsme et société. De la tradition à la révolution, Coll. Judaïsmes, L'Harmattan, 2003.

Pouvoir et société. Le regard du mosaïsme, Coll. Judaïsmes, L'Harmattan, 2005.

Mathématiques et Sciences de la nature. La singularité du vivant, (en collaboration avec Giuseppe Longo), Hermann, 2006 et *Mathematics and the Natural Sciences. The Physical Singularity of Life,* Imperial College Press, 2011.

(comme "éditeur")

Sens et place des connaissances dans la société, Editions du CNRS, Vol. 1, 1986, Vol. 2, 1987, Vol. 3, 1987.

Articles dans des ouvrages collectifs, notamment :

Recherche et forces productives, in : (Auto)critique de la science, (A. Jaubert, J.-M. Lévy-Leblond Eds.), Seuil, 1972.

Ordre (en collaboration avec I. Stengers) in : D'une science à l'autre, des concepts nomades (sous la direction de I. Stengers), Seuil, 1987.

Approche des phénomènes critiques en physique, in : Colloque de Cerisy (sous la direction de J. Petitot) : Logos et théorie des catastrophes. A partir de l'œuvre de René Thom, Patino, 1989.

Les mathématiques : de la diversité à l'unification (en collaboration avec J. Petitot) in : Encyclopedia Universalis, Symposium, 1990.

Théories physiques et cardinalités mathématiques, in : Colloque de Cerisy (J.-M. Salanskis et H. Sinaceur Eds.) : Le labyrinthe du continu, Springer, 1992.

Symétries (en collaboration avec Rémy Mosseri), in : Dictionnaire d'histoire et de philosophie des sciences (sous la direction de D. Lecourt), PUF, 1999.

Remarks about the program for a formalized epistemology, in: Proposals in Epistemology : Quantum Mechanics, mathematics, cognition and action (sous la direction de M. Mugur-Schächter), Kluwer, 2002.

About the Emergence of Invariances in Phsysics: from "substantial" conservation to formal invariance in: Proposals in Epistemology: Quantum Mechanics, mathematics, cognition and action (sous la direction de M. Mugur-Schächter), Kluwer, 2002.

Ouvrage posthume : *Sens*. Poèmes et textes 1961-2005, L'Harmattan, 2012

5-7, rue de l'Ecole-Polytechnique, 75005 Paris

http://www.harmattan.fr
diffusion.harmattan@wanadoo.fr
harmattan1@wanadoo.fr

ISBN : 978-2-343-06898-5
EAN : 9782343068985

REMERCIEMENTS

S'agissant de la parution de cet ouvrage posthume, j'exprime ma gratitude, pour la confiance dont ils ont fait preuve envers Francis BAILLY et sa pensée,

aux Editions L'HARMATTAN,

à Mioara MUGUR-SCHÄCHTER, Professeur Emérite de Physique Théorique à l'université de Reims, fondatrice du laboratoire de Mécanique Quantique et Structures de l'Information, Présidente du Centre pour la Synthèse d'une Epistémologie Formalisée,

Préfacière,

à Giuseppe LONGO, Directeur de Recherche Centre Cavaillès, CIRPHLES, CNRS, Ecole Normale Supérieure de Paris, ancien responsable de l'équipe Langages, Types et Logique (Mathématiques et informatique), Professeur Emérite aux universités de Pise (Italie) et Tufts, Boston (USA).

Je remercie également

Alexandre OURTILANE, pour l'aide précieuse qu'il m'a apportée en informatique.

Danielle BAILLY (veuve de F. BAILLY)

PRECISIONS LIMINAIRES

1) Ce texte (publié ici à titre posthume) de Francis BAILLY, décédé en 2009, est redevable, de façon significative, des discussions qui ont eu lieu entre l'auteur et Rémy MOSSERI, Directeur de recherche au CNRS, Laboratoire de Physique Théorique de la matière condensée UMR CNRS/UPMC Jussieu, Paris.

2) Francis BAILLY a rédigé ce texte il y a environ huit ans ; il est donc fonction de la pensée scientifique de cette période.

Danielle BAILLY, veuve de F. BAILLY

Juin 2015

SOMMAIRE

PREFACE

MIOARA MUGUR-SCHÄCHTER

Juin 2015

Francis Bailly nous a laissé, sur les symétries et les brisures de symétrie, des "variations" de pensée qui lui ressemblent. Il s'agit d'un construit remarquablement érudit, profond, organisé, transparent aux buts et aux significations, et marqué pas à pas par une générosité et une tolérance face aux auteurs qui n'est limitée par aucun jugement personnel destructif, ni même optimisant. Chaque point de vue et chaque façon de faire sont offerts au lecteur d'une manière qui, à la fois, est strictement neutre, et analysée avec compétence, rigueur et détail. L'exposé est sous-tendu par l'unique objectif d'informer autant qu'il est possible de le faire dans le cadre d'un écrit interdisciplinaire.

On perçoit avec évidence la domination d'un choix éthique.

Dans la phase actuelle de développement de la pensée scientifique, c'est un véritable privilège de disposer de cet ouvrage. En effet, les expressions "symétrie" et "brisure de symétrie" sont récurrentes partout dans les sciences de la nature, mais les contenus conceptuels impliqués varient très amplement. Or Francis Bailly a réalisé une mise en évidence très claire de ces contenus divers, et dans le même temps il a mis en évidence le substrat commun qui permet de les étiqueter par une seule paire de mots. Cela incite à des synthèses et peut guider pour les réaliser.

Il serait à la fois inutile et fastidieux de développer des considérations qui singularisent telle ou telle parmi les "variations" de ce livre. Car celles-ci, de façon explicite et déclarée, s'adressent à un lecteur qui connaît le thème et sait trouver plaisir à découvrir lui-même, au fur et à mesure, des caractéristiques locales, un fond qui les relie en un seul tout, et à former dans son esprit, en toute liberté, les questions qu'il ressentira et d'éventuelles réponses. Je me bornerai donc, comme un premier lecteur tiré au sort, à déclarer très brièvement quelques réactions tout à fait personnelles dont je suis véritablement contente d'avoir pris conscience en lisant ce texte ; ces réactions pourront être regardées comme un exemple des potentialités d'action de ce livre dans l'esprit des lecteurs.

Mais bien entendu mon cas, comme tous les cas, est spécial. Et la spécificité consiste en ceci que, en fréquentant longuement la mécanique quantique fondamentale, j'ai tiré des substrats du formalisme mathématique une infrastructure descriptionnelle générative très simple qui dépasse et englobe celle de la pensée classique, avec sa logique et ses grammaires. J'en ai tiré une Méthode *générale* de Conceptualisation Relativisée, *MCR*, qui concerne tout processus de conceptualisation "scientifique", c'est-à-dire soumis à des conditions de communicabilité, de consensus et de vérifiabilité. Et, par définition du concept de méthode, cette infrastructure est soumise à un *but*, à

savoir le but d'exclure par construction la possibilité d'émergence de tout paradoxe ou de faux problème.
Les considérations qui suivent sont rapportées à *MCR*, mais elles me paraissent être d'intérêt général. Donc, afin de pouvoir les communiquer, je caractériserai d'abord, très brièvement, *MCR*.

MCR sépare la démarche de conceptualisation scientifique, considérée globalement, en cellules descriptionnelles *finies* dont chacune est dotée d'une stabilité interne bien définie (soit individuelle, soit probabiliste). Une telle stabilité est une invariance, c'est donc une *"symétrie"*. Mais c'est une symétrie *propre* à la cellule descriptionnelle considérée, qui donc cesse, *"se brise"*, dès que la cellule considérée est saturée du type d'opérations qui y sont permises de par sa définition. La *structure* d'une cellule descriptionnelle de *MCR*, indépendamment de son contenu, est invariante, récurrente, elle est dotée d'un caractère fractal. Un tel caractère désigne lui aussi un type de *"symétrie"*. Il existe donc une relation foncière entre *MCR* et les concepts désignés dans le langage scientifique actuel par les termes de "symétrie" et "brisure de symétrie". Mais la structure fractale des cellules descriptionnelles de *MCR* est foncièrement, à la fois, *sémantique*-opérationnelle-syntaxique et ces caractères de natures différentes y apparaissent toujours intimement reliés. Ceci est inhabituel (en état explicite tout au moins) et porte à conséquences. Ce sont ces conséquences que je veux mettre en évidence.

Dans *MCR*, une cellule descriptionnelle donnée est définie par la spécification explicite d'un référentiel épistémique *(G,V)* où : *G* symbolise une opération de génération posée explicitement - physique, ou abstraite, ou mixte - par laquelle on produit (on sélectionne ou on *crée* entièrement) une entité-à-qualifier $(eq)_G$; et *V* symbolise la 'vue' par laquelle on veut qualifier l'entité $(eq)_G$, une vue librement construite par le concepteur humain en conformité avec une définition précise qui la constitue en tant qu'une *généralisation opératoire et finie* très circonstanciée du concept classique de prédicat au sens grammatical *et* au sens de la logique). Cette définition d'une vue *V* inclut la spécification des examens et des codages par lesquels *V* conduit à des qualifications de l'entité $(eq)_G$ introduite par *G* ; ceci revient à dire que le construit '*V*' spécifie comment, à l'intérieur du référentiel épistémique *(G, V)*, *s'engendre*, concernant $(eq)_G$, une connaissance relativisée à *G* et à *V*. L'ensemble de toutes les connaissances (qualifications) de cette sorte constitue la description relativisée de $(eq)_G$ construite dans *(G,V)*, dénotée $D/G,(eq)_G,V/$: il s'agit d'une cellule descriptionnelle relativisée dont la genèse est déclarée en détail et qui *est finie par construction.*

Dans *MCR* les conditions qui établissent si deux cellules descriptionnelles distinctes peuvent être reliées directement, ou non, sont spécifiées ; et, si cela est possible, il est indiqué comment relier les descriptions considérées.

Ainsi l'entière action de conceptualisation humaine scientifique - rationnelle -, ainsi que ses résultats indéfiniment évolutifs, sont représentés dans *MCR* par un réseau explicitement organisé de cellules descriptionnelles finies à genèse déclarée. Et la frontière mouvante de ce réseau, avec du factuel physique jamais encore conceptualisé, ainsi que la frontière mouvante entre ce réseau et le domaine de la métaphysique, sont, elles aussi, explicitement définies. *MCR* s'étend d'une frontière avec l'encore a-conceptuel jusqu'à sa frontière avec du métaphysique, et elle se tisse à ces deux frontières en un sens défini.

La représentation selon *MCR* du conceptualisé par l'homme n'est *pas* "neutre". Elle est dominée globalement par un *but général déclaré* qui la contraint a priori , à savoir le but d'éliminer par construction toute possibilité d'insertion subreptice de faux absolus, car la présence de tout faux absolu, systématiquement, engendre des paradoxes et de faux problèmes. En outre, chaque description relativisée de l'intérieur de *MCR* est contrainte par un *but local* - libre - de création de connaissances relatives bien spécifiées ; ce but local dicte le choix du référentiel épistémique *(G,V)* à utiliser.

> Il s'agit donc d'une représentation, délibérément et massivement ***méthodologique***, d'un algorithme de conceptualisation scientifique (communicable, consensuelle, vérifiable) qui allie d'une manière intime des éléments sémantiques à des éléments opérationnels et des traits syntaxiques, et qui incorpore des buts définis et hiérarchisés.

Le résumé très succinct de *MCR* exprimé plus haut permet de comprendre que, en lisant les VARIATIONS SUR LE THEME DE "SYMETRIES / BRISURES DE SYMETRIE" de Francis Bailly, irrépressiblement, j'ai rapporté chaque question, chaque réponse, chaque proposition même, à la méthode de conceptualisation relativisée. C'est dire que pour moi, cette lecture a été passionnée. Et si j'en tire tout un nombre de questionnements et de conclusions techniques qui ne trouvent aucune place ici, j'en tire également quelques remarques générales que je prendrai la liberté d'avouer. D'abord parce qu'il me semble surprenant et notable que ces remarques soient induites par des considérations sur les concepts de symétrie et brisures de symétrie au sens de la science actuelle. Mais surtout parce qu'il me semble qu'à travers ces concepts unanimement admis comme essentiels, les remarques annoncées éclairent, avec la force d'une nécessité logique, des substrats universels mais non-analysés de la pensée scientifique actuelle, qui en fait la limitent et la vicient gravement.

Revenons à *MCR*. Tout processus de construction de connaissances scientifiques y est conçu comme une *interaction* entre d'une part un "fonctionnement-conscience" *FC* - de l'action cognitive pure - et d'autre part du "réel" *R* (soit physique - le corps du *FC* qui agit y étant inclus -, soit comportemental, ou social, etc.). Or, dans *MCR*, "le réel *R*" est par définition entièrement *extérieur* à *FC*, et *FC* pose ce réel comme juste ***exister*** hors de lui, sans que l'on puisse lui assigner *aucune* "qualification intrinsèque, absolue". Poser dans *MCR* la possibilité de qualifications intrinsèques absolues serait logiquement inconsistant avec l'effet des relativisations descriptionnelles.

> *Cette sorte de séparation posée dans MCR entre R et FC est ce que j'appelle "réalisme **minimal**".*

Résumons : dans *MCR*, le fonctionnement-conscience *FC* agit sur *R* via des opérations de génération *G*. Chaque réalisation de *G* par *FC* extrait de *R* une entité correspondante *(eq)*$_G$ que *FC* soumet ensuite à un examen par telle ou telle vue *V*, que soit il possède naturellement (en ce cas, une vue purement bio-sensorielle) soit il construit (instruments, vues abstraites, logiques, mathématiques, etc.). Cela conduit à une description relativisée *D/G,(eq)*$_G$*,V/*. Ainsi *FC* engendre des cellules de connaissance scientifique foncièrement relativisée qu'il déverse dans *R* (dans les contenus "scientifiques" publics de *R*).

Donc *FC*, comme il a été déjà souligné, est foncièrement un lieu de *buts* de connaissance et une source d'actions de connaissance commandées par ces buts : *FC veut* connaître ceci ou cela, et afin d'y arriver il agit délibérément via des opérations *'G'* et *'V'* appropriées, qu'il conçoit et qu'il accomplit sous la contrainte explicite de ces volontés liées à ses buts locaux. A l'intérieur du domaine d'espace-temps où se déroule une action délibérée de création de connaissances de *FC*, domine donc une causalité subjective, par des "causes finales" induites par un but placé dans le ***futur*** des actions cognitives de *FC*, et qui façonnent les contenus des présents successifs au cours desquels se constitue la genèse de la description relativisée *D/G,(eq)*$_G$*,V/* de *(eq)*$_G$ qui émergera.

Cependant que *FC* pose lui-même que dans le réel physique de *R*, dont il pose qu'il lui est extérieur, les causes qui agissent sur le présent public de tout élément intervenant dans la genèse *D/G,(eq)*$_G$*,V/* viennent exclusivement du ***passé** de cet élément* : ce sont des "causes efficientes objectives". Ce n'est que de cette manière objectivée que *FC* peut tenir compte du temps public et de la science préconstituée, et créer des consensus intersubjectifs.

Ainsi chaque agent *FC* de construction de connaissances est un petit lieu de rencontre et de composition incessante, de mélange même, d'un flux de temps objectivé qui est posé être porteur de causalités efficientes agissant du passé vers le futur, avec, d'autre part, un fil de temps individuel porteur de buts placés dans le futur des actions présentes de *FC* et qui sont la cause finale de ces actions présentes.

Donc là, dans chacun de ces petits lieux de fonctionnement-conscience, la flèche du temps se peuple de *flèches de causalité superposées **dont** les temporalités ont des sens opposés.*

Quelle microstructure étrange, poreuse, comme pugnace, vient d'envahir le concept vers lequel pointe l'expression lapidaire "le temps" ! Comme une écume effervescente de bulles où luttent des causes à sens temporels opposés. Cela brouille la signification intuitive du concept de temps lui-même, car l'intuition tend à lier rigidement le sens du temps au sens de détermination causale, en esquivant les spécificités des actions à but.

Pourtant - et ceci est intéressant - la lecture de l'exposé de Francis Bailly simplement *impose* l'idée de cette microstructure. En effet, cet exposé empoigne l'esprit et l'enfonce dans les efforts *délibérés* des chercheurs d'isoler un îlot de telle ou telle sorte d'invariance (renommée "symétrie"), et qui peut se "briser" sans que l'on puisse dire avec certitude si oui ou non cela adviendra. Les dénominations de "symétrie" et "brisure de symétrie" sont utilisées avec une connotation d'absolu, d'espoir initial d'une possibilité de définitif, mais qui lors de constatations subséquentes peut se révéler avoir été brisé. On ne semble pas réaliser que le caractère *délibéré* des efforts de *forger* des symétries via des techniques conceptuelles-mathématiques ad hoc s'oppose a priori à la croyance, encore courante, que l'on *cherche* et l'on *découvre*, de manière neutre, des invariances qui *préexisteraient* "dans" les faits eux-mêmes, que l'on décrirait ces faits eux-mêmes - directement et exclusivement - sans mélange avec des marques imposées irrépressiblement et de façon indélébile par les actions cognitives humaines ; des invariances qui "sont là" et qui, si elles sont "identifiées", assurent du consensus descriptionnel et prévisionnel *parce qu'elles vraies en un sens intrinsèque et absolu*. En effet, ce n'est que sur la base d'une telle croyance à caractère absolu qu'il est possible d'espérer qu'une invariance descriptionnelle s'avère définitive, car dès qu'on tient compte des inévitables relativités qui *délimitent* toute connaissance acquise, la possibilité d'un tel espoir part en fumée.

Et en outre, tant que cette croyance n'est pas exclue a priori, lorsqu'on constate qu'une symétrie acquise, concernant telle ou telle connaissance, se brise, on ressent cette constatation comme une surprise et comme un problème auquel on n'a pas pu échapper. On ne distingue pas nettement entre un fragment de réel physique $(eq)_G$ donné (ou créé) à l'intérieur de tel ou tel référentiel épistémologique (G,V) et, d'autre part, la description $D/G,(eq)_G,V/$ que le fragment de réel physique $(eq)_G$ acquiert dans (G,V) via la vue V de ce référentiel-là et en conséquence, aussi, de caractères dont l'a imprégné l'opération de génération G de ce référentiel.

Or une paire (G,V) agit *toujours*, sinon explicitement, alors de manière implicite : *il est évident qu'on ne peut pas décrire de manière communicable, consensuelle et vérifiable, sans* ***aucun*** *fragment de réel physique* $(eq)_G$ *introduit en tant qu'objet-à-qualifier par quelque opération G réitérable, ni sans* ***aucune*** *structure qualifiante V*. Et ***toujours*** on construit une représentation relativisée $D/G,(eq)_G,V/$ de - exclusivement – des ***interactions*** entre, d'une part, $(eq)_G$, et, d'autre part, des appareils humains (naturels, bio-physiques ou bien construits ad hoc) comportés par la définition de quelque vue V qui définit quelque sorte d'examens de $(eq)_G$. ***Jamais*** on ne pourra *connaître* comment "est vraiment en soi" un fragment de réel physique $(eq)_G$. Car :

> *Toute connaissance est description ; toute description est qualification ; toute qualification est irrépressiblement et de façon indélébile marquée par la vue V à travers laquelle on la qualifie et par l'opération G à l'aide de laquelle on se donne ce qu'on veut qualifier. Et inévitablement, G et V* ***délimitent et filtrent.***

Certaines associations incontrôlées de mots (comme par exemple : "l'ensemble de tous les ensembles qui ne se contiennent pas") ou certains mots (comme par exemple "l'Univers") donnent l'illusion de désigner une entité qui permet une "description" sans limitations ni relativités. Mais pas tout ce qu'on peut dire ne peut être décrit de manière scientifique. Et si l'on constate que le désigné d'une association de mots ou d'un mot ne peut pas être décrit sans ambiguïté, "complètement", etc., on a tendance à s'étonner et à parler de paradoxe, ou l'on chasse l'indescriptible par une interdiction construite ad hoc (comme dans le cas de la théorie des types logiques qui chasse, spécifiquement, les impossibilités de décrire des concepts malformés du genre du "menteur de Crète" ou de "l'ensemble de tous les ensembles qui ne se contiennent pas". Mais en fait un concept de description épuré de toute ambiguïté et consensuel *est toujours et définitivement restrictif-et-relatif.* Et il impose d'admettre tout à fait généralement et foncièrement que ce qui est indépendant de toute modalité définie de se donner un objet-de-qualification et de toute structure qualifiante ne peut pas être "connu" au sens de la science. Cela est placé a priori en dehors du connaissable au sens de la science.

La croyance qui domine largement la pensée scientifique actuelle, selon laquelle il n'est pas impensable d'arriver à connaître scientifiquement du réel physique indépendamment de toute adjonction humaine, n'est qu'illusion. *Elle n'est que du non-sens.*

Et tant que le but de connaître de manière scientifique - communicable, consensuelle, vérifiable - est mélangé à la croyance naïvement réaliste qu'il est pensable de décrire scientifiquement comment du réel extérieur aux chercheurs humains est vraiment, intrinsèquement, en lui-même, tant que ce mélange-là dure, une grande partie de l'extraordinaire capacité humaine de forger des représentations consensuelles d'interactions cognitives scientifiques restera empêtrée dans des espoirs impossibles de symétries sans brisure, intrinsèquement vraies, et pour *tout.* Cependant que, lorsqu'on ressentira de manière explicite et profonde que *toute* représentation scientifique implique un but descriptionnel défini introduisant irrépressiblement des relativités qui *délimitent - mais aussi* ***précisent*** -, alors toutes les capacités humaines de représentation consensuelle seront libérées entièrement.

Wigner s'étonnait du pouvoir "déraisonnable" des mathématiques à assurer du consensus prévisionnel avec les faits. Je paraphrase en soutenant que dans la phase future de libération du réalisme naïf évoquée plus haut, se montrera le grand mystère de base, en amont des mathématiques et épuré : le mystère de la capacité proprement miraculeuse des hommes à forger tout un réseau de représentations reliées, à consensus relatifs délimités, qui permettent d'agir et de prévoir avec une ampleur et une précision constamment croissantes, à l'intérieur de ce réel dont nous faisons partie sans pouvoir en connaître plus que nos propres interactions avec lui.

À mes yeux l'exposé de Francis Bailly est particulièrement précieux par ceci qu'il suggère un chemin vers ce face-à-face épuré, de base, qui nous attend dans l'avenir de la pensée et qui déterminera peut-être une métaphysique nouvelle fondée sur les sciences modernes de la nature et sur une épistémologie scientifique de ces sciences.

INTRODUCTION

PRESENTATION DU THEME

"SYMETRIES / BRISURES DE SYMETRIES"

ET DE SES VARIATIONS

"SYMETRIES/BRISURES DE SYMETRIES" COMME STRUCTURE INTELLIGIBLE DE L'UNIVERS : UNE PROBLEMATIQUE EPISTEMOLOGIQUE

> *A l'antique défi mécanique et matériel d'Archimède ("qu'on me donne un point d'appui et je soulèverai le monde !"), vient se substituer le moderne défi formel des physiciens contemporains : "qu'on nous donne les bonnes symétries et leurs brisures et nous expliquerons l'univers !"*

Pourquoi la sphère représenta-t-elle longtemps et dans bien des cultures l'image de la perfection ? Pourquoi tout écart avec une telle perfection (interprétée en termes d'éternité, de permanence) était-il généralement interprété en termes de "corruption", de changement ? Et pourquoi était-il inconcevable de passer du monde de la perfection et de la permanence (celui des Idées platoniciennes, des "archétypes", censés servir de "moules" et de modèles pour tous les phénomènes sensibles soumis, eux, aux variations) au monde du mouvement et du changement (qu'Aristote qualifiait de sublunaire, considérant les variabilités des phases de la Lune comme l'exemple même du changement par opposition à la permanence apparente du soleil, régissant, lui, un monde "supralunaire" d'invariabilité) ? Comment comprendre que deux mondes puissent ainsi coexister dans les mentalités et comment envisager leur éventuelle unification ?

Et le miroir, pourquoi échange-t-il la droite et la gauche et pas le haut et le bas ? Et comment envisager un "au-delà" du miroir si tant est qu'y plonger ouvre à l'imaginaire? Et, dans le domaine de la réflexion sur le temps, l'idée nietzschéenne de l'éternel retour ou celle des grands cycles cosmiques de la pensée indienne, trouvent-elles leur source dans autre chose que dans une vision cyclique, périodique, de l'histoire et du devenir ?

Mythes et magies puis philosophie et sciences se sont affrontés à ces interrogations et ont discuté la validité même des catégories conceptuelles auxquelles elles faisaient appel. Et, de fait, le dialogue entre la vision de Parménide (privilégiant l'invariance de l'Un et du Même) et celle d'Héraclite (privilégiant l'instabilité et le perpétuel changement dû à l'affrontement des Opposés), pour décrire et expliquer le monde, n'a cessé de nourrir les représentations et de susciter la recherche. Ne trouverait-on pas un lointain écho à ces débats pré-socratiques (Voilquin 1964) dans la dynamique de la pensée induite par le traitement de la bipolarité symétries/brisures de symétries qui sous-tend l'intelligibilité du monde physique dans ses avancées les plus contemporaines ?

Ce sont ces questions, aussi, que - à travers les réflexions et commentaires suscités par les résultats récents, en la matière, des sciences de la nature mais également des sciences cognitives - nous retrouverons dans ce livre centré sur le rôle essentiel joué par les invariances, principes de relativité, symétries, brisures de symétries dans la compréhension physique du monde à la lumière des théories les plus modernes. Théories qui accèdent à un niveau de généralité et d'abstraction conceptuelles encore rarement atteint et qu'elles partagent avec les mathématiques qui les expriment et parfois même les engendrent, tant leur fécondité se révèle prégnante.

Ainsi, toute cette histoire conceptuelle à laquelle nous faisons allusion commence, comme il se doit, par des questions et il n'est pas douteux que nous serons amenés à conclure par d'autres questions. C'est que, comme la démarche philosophique, la progression scientifique débute par l'étonnement, qui est contestation de l'évidence, et procède de ce fait de questions en questions.

On pourrait se dire que c'est en quelque sorte l'entre-deux de ces questions qui pourrait constituer l'espace se prêtant à l'élaboration des réponses. En fait, il se révèle à l'expérience et à l'analyse que l'essentiel de ce qui deviendra - au moins temporairement - une réponse tient grandement dans le travail délicat et compliqué visant à trouver une "bonne manière" de poser les questions. "Bonne manière" au regard de quoi ? Au regard de ce que l'on sait déjà, sans doute, et qui permet de progresser dans l'inconnu en le rapportant à une intelligibilité déjà constituée et à un corpus déjà élaboré. Mais aussi et surtout au regard de la fécondité théorique - proprement scientifique, et cognitive - dans la conceptualisation, les manières de penser et les modes de raisonnements - que sait induire telle approche plutôt que telle autre, telle intuition plutôt que telle autre, lorsqu'il s'agit non seulement d'approfondir un cadre conceptuel de référence mais d'en faire surgir de nouveaux ; c'est ce que certains épistémologues attachés à l'analyse du fonctionnement et de l'histoire des sciences appellent, selon les vues qu'ils professent : "changement de paradigme" (Kuhn 1983), lorsque l'on oppose "science normale" (procédant par résolutions d'"énigmes" dans un cadre déjà établi) et "révolutions scientifiques" (quand il s'agit de changer ces cadres eux-mêmes), d'autres : "introduction de nouveaux themata" (Holton 1981), lorsqu'il s'agit de mettre l'accent sur l'ouverture de nouveaux champs conceptuels et l'élaboration de nouvelles structures formelles qui peuvent leur être associées, d'autres encore : "ruptures épistémologiques" (Bachelard 1975), en mettant cette fois l'accent sur les "refontes conceptuelles" qui accompagnent les remises en cause théoriques et la réorganisation des savoirs à la lumière des nouvelles percées scientifiques.

C'est un peu de cette façon que l'on peut interpréter rétrospectivement le rôle qu'a pu jouer, nous le verrons, la création de la théorie des groupes relativement au traitement des propriétés de symétries. Cette théorie mathématique, élaborée au départ par E. Galois pour tenter de résoudre des questions relatives aux solutions d'équations algébriques, a introduit un point de vue extrêmement original pour l'époque (début du 19ème siècle) où les permutations entre ces solutions jouent un rôle essentiel. Dans ses développements ultérieurs, elle a conduit à aborder et à traiter la question des symétries, qu'elles soient ou non associées à un problème précis, sous l'angle le plus général et le plus abstrait qui soit, indépendamment même des objets sur lesquels peuvent porter ces opérations de symétries. Elle les considère comme telles, indépendamment des contenus variés qu'elles transforment : déplacements et périodicités dans l'espace et dans le temps, changements d'échelle, permutations d'objets, commutations d'opérations, ...

Mais ainsi en va-t-il, sans doute, de toute structure mathématique profonde associée à une théorie scientifique relativement aux phénomènes que cette théorie est appelée à traiter, classer, expliquer : espaces de Riemann et calcul tensoriel en relativité, espaces de Hilbert et théorie des opérateurs en physique quantique, théorie des singularités et des bifurcations dans la théorie des systèmes dynamiques et la physique des phénomènes critiques. A travers ces exemples et bien d'autres, il apparaît clairement que la mathématisation apporte avec elle la généralité et l'unification et qu'elle est, de plus, porteuse d'intelligibilité et de fécondité dans la compréhension physique, voire biologique (cf. les tentatives de R. Thom [Thom 1977 et 1981], par exemple). A condition, bien entendu, de savoir conserver au formalisme un aspect de rapport à la réalité expérimentale et observationnelle (correspondances conceptuelles, énoncés de principes physiques en termes de contraintes formelles, etc.), même si ses développements propres apparaissent au premier abord fort éloignés de cette réalité. Plus : la mathématisation peut permettre d'allier l'intelligible et le sensible (et notamment les structures formelles contraignantes avec les éléments linguistiques des simples descriptions) dans un même mouvement de compréhension, qui se révèle d'ailleurs parfois très contre-intuitif - tant l'évidence est incomplète et parfois trompeuse -, mais plus proche du réel qu'elle permet d'expliquer et de traiter cependant (ce qui tend bien à corroborer le point de vue selon lequel les mathématiques sont constitutives de la physique (Lévy-Leblond 1982) et qu'elles le deviendront peut-être de tous les phénomènes naturels que l'on cherche à objectiver). C'est que la mathématisation va chercher des structures stables derrière les apparences mouvantes et hétérogènes des phénomènes pour révéler, à travers le formel, ce qu'on pourrait appeler un "réel scientifique" qui peut leur être commun et les articule (et qui ne coïncide le plus souvent pas avec le réel intuitif ou perceptif de l'expérience usuelle) : quoi de commun au départ entre les racines cubiques de l'unité et les opérations géométriques qui laissent invariant par rotation un triangle équilatéral (ses symétries) ? Ou entre les opérations de permutation dans des ensembles à cinq éléments et la symétrie structurale des fullerènes (molécules C_{60}) ? Et pourtant il apparaît qu'il s'agit simplement de deux réalisations distinctes du même groupe de symétrie. Dans ces exemples, mais c'est le cas général qui s'y illustre, les mathématiques, de par leur mouvement propre et les structures qu'elles ont su dégager en les intertraduisant, se sont révélées particulièrement aptes à traiter de façon opératoire - en plus et à côté des structures formelles qu'elles ont elles-mêmes engendrées, ce qui constitue leur activité principale - des rapports entre unité formelle et multiplicité des réalisations correspondantes. On ne s'étonnera donc pas des efforts contemporains à trouver non seulement dans la mathématisation, en général, mais aussi, notamment, dans le recours à la théorie des groupes de symétries, une des sources de l'élan vers l'unification formelle des interactions physiques.

Faut-il aller plus loin et faire, avec J. Ullmo (Ullmo 1969), de la structure mathématique de groupe la clef même de l'intelligibilité de la nature, par quoi s'effectuerait la convergence effective entre les mathématiques et la réalité, au moins dans le domaine de la physique ? Les résultats obtenus dans les domaines relativistes et quantiques pourraient le laisser penser. Mais il est un domaine de la théorie physique, actuellement en pleine expansion, qui, sans se dérober à une approche en ces termes, ne s'y réduit pas : c'est la physique des phénomènes critiques, de la turbulence, des systèmes dynamiques potentiellement chaotiques - tous domaines, d'ailleurs, où la théorisation formalisante de la biologie va puiser préférentiellement (Nicolis *et al.* 1989) -, où la prégnance des théories mathématiques des singularités ou de la mesure ou des systèmes dynamiques, ..., semble plus importante encore.

Cette remarque non pour amoindrir l'importance fondamentale de la démarche associée à la théorie des groupes et à l'analyse des symétries, si abstraites soient-elles, mais pour souligner le fait que, pour étayer l'intelligibilité scientifique et la mettre en forme, et ainsi que nous le développerons plus précisément au fil des différentes "**Variations**", symétries et brisures de symétries forment couple. C'est de ce couple, précisément, qu'il va être essentiellement question dans toute la suite de cet ouvrage.

En effet, revenant à des considérations d'une nature différente, nous constatons aisément que, à côté de ses aspects proprement techniques, largement étudiés dans les traités, la question de la symétrie proprement dite a déjà fait l'objet de nombreuses analyses et études, tant du point de vue esthétique que philosophique ou psychologique. Aussi ne nous orienterons-nous pas principalement vers une description ou un commentaire supplémentaire des beautés ou des propriétés de figures, ni vers seulement un simple exposé technique de l'utilisation des symétries et de leurs principes dans diverses disciplines scientifiques.

Sans négliger ces aspects qui constitueront de fait la base de notre argumentation, nous tenterons plutôt, pour notre part, de dégager les tendances profondes qui font de ces reconnaissances et traitements de symétries, des structures d'intelligibilité essentielles en physique contemporaine. Et bien entendu, pour les raisons que nous venons de mentionner, nous ne nous contenterons pas de procéder à des analyses où les symétries, invariances, conservations tiendraient le rôle exclusif de facteur explicatif, ce que la considération des situations stables et régulières usuelles semblerait indiquer, mais qu'à l'inverse la prise en compte des situations critiques (singulières et instables) tendrait à démentir : nous montrerons, au contraire, comment de plus en plus c'est bien le couple, antagonique et complémentaire, symétrie/brisure de symétrie, qui commence à imposer sa pertinence dans la construction de l'objectivité scientifique contemporaine, tant dans le domaine fondamental de la recherche de l'unification des interactions physiques (problème qui rencontre *in fine* la question des rapports entre la théorie quantique et celle de la relativité générale) que dans celui de la caractérisation et du traitement de la complexité, notamment en physique des phénomènes critiques (théorie des bifurcations, criticalité auto-organisée, etc.) et jusque dans le secteur de la biologie. Car nous tenterons également de cerner la place que les prises en compte de propriétés de symétrie ou de brisure de symétrie - après les considérations de chiralité de L. Pasteur ou morphologiques de D'Arcy Thompson (Thompson 1994) -, commencent de nouveau à tenir dans certains secteurs de la biologie théorique (Bouligand 1989, Schmidt-Nielsen 1984, Vérine 1994) (que ce soit dans l'étude et la compréhension de la structure des biomolécules, dans celles de la géométrie des organes en liaison avec leurs fonctions physiologiques, ou encore dans la description et l'analyse des processus de morphogenèse).

En ce sens, ce couple symétrie/brisures de symétrie pourrait être considéré comme commençant à jouer dans l'intelligibilité scientifique des sciences de la nature un rôle régulateur semblable à celui que détiennent déjà bien des dichotomies fondatrices telles, par exemple, en mathématiques : fini/infini, continu/discret, local/global, en biologie : intérieur/extérieur ou, en physique : énergie/entropie. C'est dans cet esprit que nous chercherons notamment à montrer comment, à travers la dialectique de ce couple, thématisant d'un côté l'invariance, la conservation, la régularité, l'équivalence et de l'autre côté la criticité, l'instabilité, la singularité, la mise en ordre, c'est l'*identité* même de l'objet scientifique qui se trouve mise en scène et objectivée.

Ainsi, selon nous, l'enjeu d'une telle entreprise ne se limite pas à la mise au jour et à la diffusion la plus large d'une des méthodes et d'une des façons de penser les plus pertinentes et les plus prometteuses des sciences contemporaines : ce que dit la science de la symétrie et de ses brisures concerne aussi la reprise rigoureuse et à nouveaux frais, dans le registre de la rationalité cette fois, d'une démarche de pensée et d'investigation qui trouve des répondants culturels dès l'aube des civilisations dans les représentations magiques, mythiques et religieuses. Les analyses des ethnologues, mythologues, historiens montrent, en effet, que cette démarche est constamment présente, qu'elle soit thématisée dans la figuration artistique, dans le discours, voire dans les conceptions relatives à l'organisation sociale elle-même et à la signification qu'elle revêt pour les cultures qui la produisent et l'adoptent (représentations des structures de pouvoir, sens conféré aux activités quotidiennes, partitions du champ social, ...).

La constance de ces traits, relatifs à la symétrie et à la dissymétrie, que l'on rencontre si souvent exprimés, à travers géographie et histoire, est sans doute due au fait que la source de ces représentations est à rechercher, comme certains travaux récents semblent bien le montrer (Kirkpatrick *et al.* 1994), dans l'existence d'invariants cognitifs profonds, c'est-à-dire de structures mentales d'appréhension et de catégorisation du réel, propres aux espèces évoluées (vertébrés) et notamment à l'espèce humaine qui a largement organisé autour d'eux non seulement sa perception, son expression, son entendement, mais aussi ses formations culturelles et sociales.

On ne s'étonnera donc pas de voir à nouveau posée, au-delà de l'inévitable question sur les rapports explicatifs et opératoires que peuvent entretenir la formalisation scientifique et la mathématisation avec la réalité phénoménale, celle de la portée culturelle de ces rapports pour les représentations collectives nourries de façon plus ou moins consciente par la société, ainsi que pour les enjeux très généraux relatifs à l'exigence et au développement de la rationalité, qu'ils comportent de fait.

Le premier groupe de questions que nous aborderons dans la suite est très général et de nature assez historique (en nous focalisant principalement sur l'histoire des idées et des mentalités) : d'où peuvent bien venir ce souci et cette pertinence des symétries et de leurs brisures ? Quels rôles jouent-elles dans le cadre des causalités naturelles, c'est-à-dire dans le cadre d'une explication des phénomènes qui fait appel à la notion de cause et qui recherche la caractérisation précise et opératoire de telles causes, comme dans celui des représentations conceptuelles, c'est-à-dire, cette fois, dans le cadre d'un système de concepts qui rendent ces explications "techniques" intelligibles dans un cadre beaucoup plus linguistique et discursif que technique ? Nous ne nous attarderons pas longuement sur ces points, mais ils constitueront la matière principale de la Variation 1 en tant qu'il s'agit de la genèse des problématiques ultérieures. Ainsi, contrairement à la plupart des suivantes, cette première Variation sera exempte de formalisme et se présentera plutôt sous la forme d'un "récit" introductif chargé de dessiner le panorama général du paysage théorique (rapporté, donc, aux moyens formalo-techniques de la discipline) et conceptuel (recourant cette fois beaucoup plus à l'usage habituel de la langue et au discours) dans lequel toute la suite s'inscrira.

Le deuxième groupe de questions sera considérablement plus développé : comment tout cela opère-t-il *effectivement* dans les sciences ?

Couplé au troisième groupe de questions (pourquoi cela se révèle-t-il si important pour la construction d'objectivité et l'intelligibilité scientifique, comment la prise en compte des symétries et de leurs brisures peuvent-elles intervenir jusque dans les modes de raisonnement et de calcul, plus profondément, quels rôles ces prises en compte peuvent-elles jouer dans l'appréhension, le découpage pertinent et la caractérisation objective du réel, y compris relativement aux structures logiques qui les permettent ?), cela formera le corps principal de l'ouvrage (Variations 2 à 6).

Enfin, le quatrième groupe de questions ne sera qu'abordé et formera le contenu de la dernière Variation : finalement, quelles "significations" peuvent s'y trouver associées et quels enjeux de "sens" leur attribuer ?

Cette progression dans l'approfondissement des interrogations correspond, de fait, à l'expérience de la réflexion épistémologique s'obstinant à indiquer que, si techniquement qu'on les aborde, et en quelque secteur disciplinaire que ce soit, les activités scientifiques se trouvent toujours en fin de compte rapportées d'un côté à une historicité qui les engendre, et, de l'autre, aux significations et aux enjeux que l'humanité leur confère. Articulation inévitable entre le formel - à caractère quasi anhistorique -, ses genèses - historiques et conceptuelles -, et le sens dont les hommes le dotent pour accomplir leurs visées relationnelles et sociales à une échelle toujours plus grande et dans un mouvement d'approfondissement sans cesse renouvelé. C'est ce dont témoigne la légende de la découverte pythagoricienne des irrationnels, découverte qui, une fois accomplie, vaut toujours et partout, mais qui fut camouflée par ses auteurs pour des raisons idéologiques, tant était grande leur certitude d'après laquelle le monde était construit numériquement selon des proportions rationnelles. C'est ce dont témoignent aussi les épisodes de la vie de Galilée à travers le destin de ses découvertes physico-mathématiques (qu'il s'agisse de chute des corps ou des mouvements de la terre), et, notamment, cette découverte essentielle de la structuration mathématique profonde (et donc anhistorique) des phénomènes, couplée avec ses pratiques expérimentales et ses observations auprès des artisans de l'époque, et dont les effets et les enjeux pour les représentations idéologiques se révélèrent assez lourds pour entraîner jugements ecclésiastiques et condamnations dogmatiques.

Un dernier mot de présentation. Lorsqu'il s'agit de considérer un domaine scientifique non seulement pour lui-même, mais également pour tenter de dégager des significations et des enjeux conceptuels pouvant lui être attachés, on se trouve placé dans un champ de tensions dont les pôles sont représentés par la stricte *formalisation*, d'un côté, qui contient certes toute l'information scientifiquement désirable, mais qui, en soi, est dénuée de portée épistémologique et, de l'autre côté, par le jeu conceptuel de l'*interprétation*, potentiellement porteuse de significations philosophiques, mais qui, souvent, fait dire à la théorie plus que sa visée opératoire et explicatrice des phénomènes ne pouvait le laisser supposer. Le dialogue entre ces deux pôles est, en général, éminemment problématique : les scientifiques, on le sait, "ne font pas de métaphysique" dans leur travail et regardent avec suspicion ce à quoi les philosophes peuvent faire servir leurs résultats. A l'inverse, les épistémologues sourient souvent de la naïveté philosophique des scientifiques et s'étonnent de leur absence fréquente d'interrogation sur la nature de leur activité et la portée de ces mêmes résultats. Le défi que nous nous sommes proposé est, sinon de rapprocher ces deux pôles, au moins de reconnaître la pertinence de chacun d'entre eux dans sa visée spécifique et de tenter de faciliter leur dialogue comme éléments essentiels de la culture contemporaine.

Pour ce faire, il nous a semblé judicieux d'essayer d'organiser ce dialogue sur le terrain même de l'exposition des thèmes et sans coupure excessive avec lui. Ainsi, chaque Variation, mobilisant des formalismes importants, comprendra-t-elle deux parties que nous aurons soin de distinguer nettement, bien qu'elles soient toutes deux centrées sur la même thématique : une partie technique, traitant de façon précise des sujets annoncés et susceptible d'apporter l'essentiel des informations scientifiques en la matière et, par ailleurs, partant de cette exposition et de ces résultats et présentée comme un ensemble de ***Commentaires***, une partie de réflexion plus épistémologique qui cherchera à analyser et mettre en perspective les significations conceptuelles des démarches suivies et des résultats obtenus. Avec l'espoir d'éclairer ainsi la portée des contenus théoriques tout en les utilisant comme fondements solides pour l'analyse conceptuelle. L'ensemble sera donc conçu dans l'esprit de contribuer à l'élaboration d'un point de vue qui suppose, d'une part, qu'aucune concession ne soit faite en ce qui concerne la rigueur, mais aussi, d'autre part, que soit reconnu le fait que cette dernière ne saurait constituer une fin en soi dans le rôle culturel qu'elle peut être appelée à jouer dans la société et qu'elle doit être située à cet égard à la même enseigne et sur le même plan que bien d'autres activités créatrices.

REFERENCES DE L'INTRODUCTION

G. BACHELARD, *La formation de l'esprit scientifique*, Vrin 1975

Y. BOULIGAND, *Biologie théorique, Solignac 1987*, Ed. CNRS 1989

G. HOLTON, *L'imagination scientifique*, Gallimard 1981

M. KIRKPATRICK and G.G. ROSENTHAL, *Symmetry without fear*, Nature, **372**, 10 Nov. 1994

T. KUHN, *La structure des révolutions scientifiques*, Flammarion 1983

J-M. LEVY-LEBLOND, *Physique et mathématiques*, in : Penser les mathématiques (F. Guénard et J. Lelièvre Eds), Seuil 1982

G. NICOLIS et I. PRIGOGINE, *A la rencontre du complexe*, PUF 1989

J. PETITOT-COCORDA, *Physique du sens*, Ed. CNRS 1991

A. SCHMIDT-NIELSEN, *Scaling*, Camb. Univ. Press, 1984

R. THOM, *Stabilité structurelle et morphogénèse*, InterEditions 1977

R. THOM, *Modèles mathématiques de la morphogénèse*, Christian Bourgois 1981

d'A.W. THOMPSON, *Forme et croissance*, Seuil et Ed. CNRS 1994

J. ULLMO, *La pensée scientifique moderne*, Flammarion 1969

H. VERINE (Ed.), *La biologie théorique à Solignac*, Polytechnica 1994

J. VOILQUIN, *Les penseurs grecs avant Socrate*, Flammarion 1964

VARIATION 1

SYMETRIES, BRISURES DE SYMETRIES ET REPRESENTATIONS :

du mythique au rationnel, de l'intuitif au scientifique, de l'empirique au formel, du fortuit au causal

1.1. SYMÉTRIES ET BRISURES DE SYMÉTRIES DANS LA NATURE ET DANS LES REPRÉSENTATIONS

1.1.1. Des aspects historiques et culturels très anciens

Qu'elle soit consciente ou non, la force expressive ou organisatrice pour l'imagination que présentent les propriétés de symétrie (ou de dissymétries correspondantes) se fait sentir apparemment depuis que des êtres humains traduisent graphiquement ou architecturalement (habitat) leurs émotions, leurs visées ou leurs représentations du monde. Sans remonter jusqu'à certains dessins ou gravures préhistoriques, les ziggourat de Mésopotamie, les pyramides d'Egypte, les mandalas des Indes, les représentations symboliques de la Chine ancienne, présentent des caractères symétriques marqués et pour certains, sans doute, voulus, en rapport avec certaines idées relatives à la structure (réelle ou souhaitée) du monde.

C'est ce que l'on constate aussi dans les premières tentatives rationnelles d'explication du monde que fournit la civilisation grecque où, après l'utilisation pythagoricienne des nombres, on peut voir des figures géométriques régulières, tels par exemple que les polyèdres platoniciens (Platon 1963), être proposées comme éléments fondateurs susceptibles de rendre compte de l'organisation et de l'ordre caché du monde et où on peut constater le rôle dévolu à la sphère comme image de la perfection. De même, et sur le plan de l'observation des phénomènes cette fois, on relèvera la distinction, en biologie, chez Aristote - reprise et soulignée récemment par R. Thom (Thom 1988) - entre homéomères (organes présentant une homogénéité, une continuité, une symétrie plus grande) et anhoméomères (organes hétérogènes, présentant des discontinuités, des parties distinctes, c'est-à-dire des caractères dissymétriques internes).

En même temps qu'il repère, reproduit et interprète les traits de symétrie et de dissymétrie associés aux objets et phénomènes, l'esprit humain apprend à jouer, en particulier au niveau symbolique, des propriétés de réciprocité que présentent immédiatement les symétries les plus simples, telle la symétrie-miroir, comme l'illustre à merveille l'histoire de Narcisse réinterprétée par Oscar Wilde (Coelho 1996), selon qui le lac où se mirait Narcisse pleurait, à sa mort, non par référence à la beauté de Narcisse, qu'il n'avait pas remarquée, mais *"parce que chaque fois qu'il se penchait sur mes rives, je pouvais voir, au fond de ses yeux, le reflet de ma propre beauté"* ; ou encore l'histoire d'Alice traversant le miroir (notons d'ailleurs, à ce stade, que la conscience du fait que le miroir réfléchit une image et ne présente pas un paysage original semble ne venir que vers dix-huit mois chez les enfants et ne paraît exister, chez les autres animaux, que dans de rares espèces de grands singes, les plus proches de l'espèce humaine [Denton 1995]). Ce qui contribue sans doute, de par les processus réfléchissants (sans jeu de mots !) et la distance que ces jeux exigent, à favoriser une montée dans l'abstraction et la conceptualisation pour le traitement de ces phénomènes.

Dans un registre un peu différent mais non moins important pour la construction des significations, on notera aussi, en matière de jeux de symétrie et de dissymétrie, la fascination mythique que suscite la naissance, effective ou supposée, de jumeaux (Castor et Pollux, Jacob et Esaü, Romulus et Remus). Configurations où, bien souvent, à l'apparente symétrie morphologique répond une dissymétrie fonctionnelle dans le mythe, qui constitue en fait l'enjeu véritable de l'événement (Kuntzman 1983).

Manifestement, les êtres humains ont fréquemment su s'emparer de phénomènes naturels présentant des caractères prononcés de symétries (ou de dissymétries particulières) pour les charger de significations, les reproduire et, s'en inspirant, inventer des représentations inédites susceptibles d'exprimer des significations nouvelles. Simultanément, ils semblent bien avoir pris l'habitude de vivre avec des symétries approchées ou avec des complémentarités (ou des oppositions) vécues comme des symétries cachées : symétrie gauche/droite et aptitudes différenciées, "symétrie" masculin/féminin et dimorphisme sexuel, etc., ce qui les a sans doute conduits parfois à se servir d'une symétrie matérielle propre à un objet pour signifier paradoxalement une dissymétrie, voire une opposition de significations : dextérité et gaucherie, par exemple, à partir de la symétrie-miroir des deux mains (chiralité). En ce cas la démarche interprétative tend à cliver deux plans : celui de l'apparence visuelle (droite et gauche semblent réellement symétriques par rapport à un plan) et celui de la performance motrice fonctionnelle (chez les droitiers, s'entend) ; ou encore, celui, objectif, du support matériel apparent et celui, interprétatif, de la dotation de sens (la droite comme "bien", la gauche comme "sinistre").

Cette distinction entre une structure d'apparence extérieure symétrique et une organisation fonctionnelle interne brisant cette symétrie se retrouve curieusement dans bien des objets artificiels fabriqués par l'homme. Ainsi, en général, une voiture, un avion, un train présentent-ils grossièrement une symétrie externe droite/gauche, alors que les agencements de leurs organes fonctionnels internes brisent complètement cette symétrie. Un peu à l'image du corps humain lui-même et, plus généralement, de bien des êtres vivants. En effet, à l'instar du corps des organismes les plus évolués, tels les mammifères ou, plus généralement, les vertébrés, le corps humain présente une symétrie bilatérale externe très marquée bien qu'à une analyse précise elle se révèle seulement approchée. En revanche, à l'exception de quelques organes particuliers (poumons, par exemple), la plupart des organes qui permettent le fonctionnement physiologique interne de ce corps sont disposés de façon non symétrique, comme si l'optimum de fonctionnalité était associé à une brisure de symétrie.

Bien des ethnologues ont, pour leur part, observé le rôle symbolique que jouent dans les sociétés les rapports symétrie/dissymétrie, ne serait-ce que dans le traitement culturel du dimorphisme sexuel, ainsi que dans celui des symétries bilatérales qui lui sont parfois associées. Ainsi, F. Héritier (Héritier 1996) consacre-t-elle tout un chapitre de son ouvrage *Masculin / Féminin* aux *"Moitiés d'hommes, pieds déchaussés et sauteurs à cloche-pied"* et rapporte-t-elle les opinions de R. Needham (Needham 1980) à propos des *"lois de filiation et de l'alliance, lois de l'asymétrie, visible dans la prévalence universelle de la droite sur la gauche."* et de Hertz, qui y verrait l'élaboration symbolique *"d'une pure asymétrie organique, cérébrale, qui conduit la pensée vers une logique bipolaire"*. D'un point de vue plus général, elle rapporte la position de A. Jensen (Jensen 1950) qui, écrit-elle, *"postule de façon neuve et astucieuse que, du fait de la remarquable symétrie du corps humain, il devenait automatiquement nécessaire pour l'esprit humain d'imaginer l'existence de formes non symétriques".* Comme si, plutôt que chacun de ses termes pris séparément, c'était finalement le couple non dissocié symétrie/brisure de symétrie qui était utilisé comme support de sens culturel et symbolique.

A ces jeux de symétries repérables dans la nature ou dérivés de pratiques culturelles (par exemple, l'usage du tour du potier conduit naturellement à la réalisation et à l'observation de la symétrie cylindrique, c'est-à-dire de la symétrie de révolution par rapport à un axe), et sans doute induits par eux, répondent à un niveau d'abstraction plus élevé ce que l'on pourrait appeler des jeux de "symétries métaphysiques" dont la vocation est d'être partiellement explicatifs ou normatifs pour la condition et la destinée humaines. Ainsi par exemple imaginera-t-on l'être humain créé "à l'image de dieu" (Bible, Gen. **1**.27) ; ou établira-t-on une corrélation étroite entre deux pôles se faisant face : *"ce que tu lieras sur la terre sera lié dans le ciel et ce que tu délieras sur la terre sera délié dans le ciel"* (Evangiles, Matth. **16**.19), *"ce qui est en haut est comme ce qui est en bas"* ("Table d'Emeraude" des alchimistes), etc.

A quoi feront pendant, conformément au fonctionnement couplé relevé plus haut, des dissymétries ou des brisures de symétrie métaphysiques : *"son bras gauche soutient ma tête et sa droite me tient enlacée"* (Cantique des cantiques **8**.2) ; *"que ta main gauche ignore ce que fait ta main droite"* ; ou les règles d'interprétation du vol des augures, voire, conformément à l'instauration, déjà mentionnée, de la distinction droite/gauche en termes de valeurs, la perspective sotériologique (le "salut" au sens religieux du terme) de "siéger à la droite du père". Jusqu'à voir, mystiquement parlant, dans le rapport masculin/féminin une dissymétrie métaphysique analogue à ce genre de distinction gauche/droite (ce qu'exprime notamment l'histoire de la création d'Eve à partir du côté d'Adam et ce que reprend et thématise la tradition juive). Il est d'ailleurs intéressant de noter à cette occasion - dans la thématisation du rapport masculin/féminin et son usage analogique - que bien souvent la notion de "complémentarité", avec toutes les connotations de co-participation à une unité plus profonde mais non manifeste, est utilisée comme alternative conceptuelle à la notion de brisure de symétrie par rapport à une symétrie plus complète. C'est aussi ce que suggère le mythe platonicien de l'instauration de la différence sexuelle par les dieux chez les humains originaires : ceux-ci étaient imaginés comme des boules complètes, dotées de deux têtes, quatre bras et quatre jambes, et, fort mobiles, ils partaient à l'assaut de l'Olympe et menaçaient la suprématie divine jusqu'à ce que les dieux les séparent en deux parties (masculine et féminine) qui n'eurent dès lors de cesse de partir à la recherche l'une de l'autre pour restituer l'unité perdue, oubliant de ce fait leur visée de conquête de l'Olympe.

De ces constats résulte toute une série de questions sur l'origine de la sensibilité humaine à la symétrie et à ses brisures. Et notamment la question de savoir s'il existe une donnée irréductible de la conscience, de nature ou d'origine biologique, qui rende les êtres humains sensibles aux structures symétriques et, par contraste et couplage, aux brisures de symétrie, d'une façon qui attire son attention et les lui fasse sélectionner. La structure de son propre corps, avec son apparence extérieure de symétrie bilatérale, contribuerait-elle à une telle sélection ? Au contraire, le dimorphisme sexuel de l'espèce humaine lui rend-il sensible l'importance des brisures partielles de symétrie ?

En tout état de cause, il semble bien que propriétés de symétrie et apparitions de dissymétries constituent des moyens cognitifs élémentaires qui permettent de conjuguer les exigences conjointes de permanence et de stabilité d'une part, de capacité de changement et de variabilité de l'autre, nécessaires pour appréhender et catégoriser le réel, pour se repérer dans le monde et pouvoir y survivre. Et le fait que ces ingrédients cognitifs représentent des déterminations fondamentales de nos façons de penser et d'organiser le réel - sans lesquelles toute connaissance objective, voire même tout repérage conceptuel, devient impossible - est superbement illustré par la nouvelle de J.L. Borges (Borges 1983), intitulée *Tlön Uqbar Orbis Tertius*, dans laquelle les critères de permanence ou de causalité se trouvent radicalement subvertis et, par là-même, toute forme d'organisation quelque peu stable.

1.1.2. Sensibilités à la symétrie : expressions de structures cognitives profondes ?

Ainsi, toutes ces observations et interrogations conduisent naturellement à l'idée selon laquelle, chez l'être humain au moins, la sensibilité à la symétrie et son utilisation en vue de la signification relèvent d'un schème cognitif profond dont l'aptitude serait génétiquement présente chez tous et dont la mobilisation, comme pour bien d'autres aptitudes, serait épigénétiquement assurée, notamment par l'environnement culturel (individuel, mais aussi collectif) qui lui permettrait de s'exprimer par des modalités diverses. De tels points de vue ont été considérés dans le passé par bien des psychologues (cf. les théoriciens de la Gestalt) et des philosophes (voir, par exemple la théorie phénoménologique de la vision proposée par Husserl qui oppose la régularité homogène - symétrie élevée - du "lissage" dans un domaine à la singularité et l'hétérogénéité - brisure de symétrie - du "contraste" associé aux contours limitant les domaines).

En fait, et pour passer à un point de vue plus explicitement dynamique, il semble bien que nombre de schèmes de développement soient conceptuellement pensés en termes de passage d'un état (réel ou supposé) de symétrie élevée (unité indifférenciée) à un état de symétrie fortement brisée (variété hautement différenciée), phase évolutive qui peut d'ailleurs être suivie d'une phase involutive par le retour de l'état différencié à un état final de symétrie élevée ; que de tels processus soient conçus comme correspondant effectivement à la transition d'une "origine" à une "fin" ou comme répondant à une démarche de reconstruction rationnelle à visée explicative.

Ainsi, en physique, propose-t-on la théorie du big-bang pour la naissance d'un univers diversifié à partir d'un état singulier conçu comme homogène, ce big-bang étant lui-même "expliqué" par une transition de phase (brisure spontanée de symétrie d'un vide quantique hautement énergétique, siège de fluctuations quantiques). A l'inverse, l'approche de l'état d'équilibre d'un système isolé à partir d'un état initial dissymétrique est associée au retour à un état de symétrie élevée qui se traduit par une augmentation d'entropie du système.

De même, en biologie, l'embryogenèse et le développement à partir d'un œuf fécondé présentant des caractères de symétrie élevée s'accompagnent-t-ils de différenciations cellulaires successives et de développements d'organes brisant la symétrie géométrique initiale. A l'inverse, les processus d'involution et de mort conduisent à une nouvelle indifférenciation qui se manifeste par une nouvelle forme d'homogénéité. Le point de vue plus général des théories de l'évolution va dans le même sens comme le montre, sur un cas particulier, l'exemple de la faune de Burgess (Gould 1992).

Les archéologues et anthropologues, pour leur part, n'hésitent pas à proposer une théorie de la naissance unique de l'humanité en Afrique Orientale suivie d'une phase de dispersion et de différenciation des populations associées à une diversification des traits génétiques (Cavalli-Sforza 1997), et il n'est jusqu'aux linguistes qui ne considèrent que les nombreuses langues de la terre sont peut-être issues d'une langue-mère fondamentale soumise elle-même à diversifications ultérieures au gré des migrations et des séparations de populations.

Ainsi, d'un point de vue plus abstrait, il semble bien qu'à la progression conceptuelle : virtuel, potentiel, actuel (conceptualisation assez usuelle lorsqu'il s'agit de rendre compte d'un processus effectif de production et dont nous reprendrons les termes dans la Variation de conclusion), se trouve correspondre la progression théorique : symétrique, brisure de symétrie, différencié. Ces structures de pensée, qui se retrouvent en physique, en biologie, en linguistique historique, en anthropologie, voire en apprentissage neuronal [Changeux 1983] (indifférenciation, stabilisation sélective, réseau), semblent correspondre, sinon toujours à des explications causales, au moins à des heuristiques de recherche particulièrement actives et fécondes. Sans omettre de noter, au passage, que de tels schèmes constituent des éléments de réponse à des questions assez rares dans les sciences puisqu'il s'agit de questions fondamentales de genèse qui en viennent vite à confiner les limites de l'interrogation scientifique en ce qu'elles côtoient des questions quasi métaphysiques portant sur des "origines".

A ce propos et si l'on s'interroge cette fois sur l'origine d'une telle sensibilité (y compris conceptuelle) aux symétries et à leurs brisures, on relèvera que récemment, dans le cadre des recherches en sciences cognitives, l'hypothèse a été émise selon laquelle la détection de (et la sensibilité à) la symétrie correspondrait à un schème cognitif profond, lié vraisemblablement à une structure de réseau neuronal. Cette hypothèse semble corroborée par des travaux récents (Enquist *et al.* 1994, Johnstone 1994, Kirkpatrick *et al.* 1994) sur la perception animale et le comportement associé des animaux. Ce qu'apportent ces travaux, ce n'est pas seulement le fait que les structures symétriques fassent l'objet d'une sensibilité particulière de la perception (présence de schèmes cognitivo-perceptifs) pour des motifs de sélection explicite (qualité génétique des partenaires), mais c'est aussi le fait que cette sensibilité puisse être rapportée aux propriétés d'apprentissage d'un réseau susceptible de correspondre à un "câblage" neuronal.

En même temps, ces études semblent fournir des indications sur certaines des raisons pour lesquelles des figures symétriques se trouvent avantagées dans la reconnaissance et la sélection par rapport à d'autres qui le seraient moins. Une première raison, mentionnée par les auteurs, pourrait être trouvée dans la capacité de pouvoir reconnaître aisément un objet symétrique s'il se présente dans des positions différentes (et ce, évidemment, d'autant mieux qu'il est plus symétrique ; d'où le caractère de "perfection" spontanément attribué à la sphère). Une deuxième raison qui a peut-être à voir avec les fonctionnements des réseaux neuronaux et leurs plus ou moins grandes facilités d'apprentissage, pourrait être trouvée dans le fait que l'encodage ou la reconnaissance de la forme d'un objet symétrique mobilise moins d'informations que les mêmes opérations relatives à la forme d'un objet dissymétrique ; on aurait alors là comme l'expression d'un principe d'économie en matière d'information. C'est là tout à la fois conforter la notion de schème perceptivo-cognitif disponible *a priori* et préciser ce que pourrait être la nature biologique de son support de même que les modalités éventuelles de son activation.

Avec l'ensemble de ces dernières considérations, nous entrons de plain pied dans le domaine plus proprement scientifique et c'est d'exemples illustrant la place et le rôle des symétries et de leurs brisures dans ce domaine que nous allons maintenant traiter brièvement. Nous le ferons ici sous un angle beaucoup plus intuitif et descriptif que théorique, ce qui, pour les lecteurs encore peu au fait de ces questions, pourra servir de familiarisation avec les problèmes et études plus techniques et spécialisés qui viendront ultérieurement, études et problèmes qui reprendront d'ailleurs bien de ces exemples.

1.2. PRESENCE DES CONSIDERATIONS DE SYMETRIES ET DE LEURS BRISURES DANS LES SCIENCES DE LA NATURE : EXEMPLES ET PORTEE EPISTEMOLOGIQUE

1.2.1. La présence des symétries et de leurs brisures dans la démarche scientifique[1]

Remontant aux sources historiques de la naissance de la scientificité (les mathématiques grecques - et principalement la géométrie -, contemporaines de la

[1] Pour une bibliographie très complète (jusqu'en 1981) sur la symétrie (en physique principalement, mais pas exclusivement, puisque l'auteur établit aussi une riche bibliographie pour les sciences biologiques ainsi que pour les arts), se reporter à (Rosen 1981).

naissance de la philosophie et de l'histoire), on peut considérer que déjà, avec les solides platoniciens, la question de la symétrie sort de la mythologie ou de l'esthétique pour entrer dans celui de la "théorie" (terme qui, en grec, signifie "contemplation", "examen") et de l'argumentation rationnelle. En effet, rapidement, la composante encore mythique laisse la place à un embryon d'objectivité et bien qu'il ne s'agisse pas encore de l'élaboration de facteurs structurels explicatifs, il s'agit néanmoins de considérer et d'examiner attentivement, et pour elles-mêmes, les propriétés des figures afin, ultérieurement, de s'en servir, le cas échéant, comme élément d'une démonstration (qu'on se souvienne de l'utilisation fréquente des arguments de symétrie en géométrie). En fait, et pendant longtemps, la prise en considération scientifique et rationnelle de la symétrie comme telle restera cantonnée dans le domaine des mathématiques (géométrie en premier lieu), de la musique (structures mélodiques intrinsèques et déroulements temporels) et de l'astronomie (orbites planétaires, par exemple), si l'on excepte certaines observations naturelles - géologiques ou biologiques avant la lettre - mais le plus souvent rapportées à un système d'interprétation magico-mythique (symbolisme des "signatures", par exemple) comme en alchimie ou en médecine médiévale, voire même en botanique ou zoologie.

Comme on sait, parmi les premières réalisations concrètes qui ont fait appel à l'usage systématique de symétries spatiales de répétition (arrangements périodiques), on trouve les frises et les pavages réguliers et parmi les premières études théoriques qui leur sont associées, on trouve les constructions relatives aux polygones et polyèdres réguliers. Ces travaux ont eu des suites extrêmement fécondes puisqu'elles ont donné naissance à plusieurs branches de la physique et des mathématiques, parmi lesquelles on peut citer, pour la physique, la cristallographie proprement dite, la théorie des cristaux liquides, et celle, plus récente encore, des quasi-cristaux, et, pour les mathématiques, après l'étude pour eux-mêmes des déplacements (translations, rotations), essentiellement la théorie des groupes. Complémentairement, le recours aux symétries périodiques de répétition, perceptibles dans la vie quotidienne par l'alternance des jours et des nuits, par la succession des années et par le biais de l'observation des cycles planétaires, a donné naissance non seulement aux résultats propres à l'astronomie, mais aussi à bien des méthodes d'analyse mathématique (analyse de Fourier et, associée à la symétrie de dilatation d'échelle, analyse en ondelettes) et de traitement du signal. Il est à noter que les processus de généralisation ainsi engagés ont toujours conduit de la prise en considération de la symétrie d'objets proprement dits (si idéaux soient-ils, comme c'est le cas en mathématiques) à celle de *transformations* affectant ces objets (par exemple, le passage de la considération des symétries propres à un triangle équilatéral à celles des *rotations* qui le laissent invariant).

Dans le même esprit, mais d'un point de vue plus abstrait, peut-être, les propriétés de commutativité de certaines opérations élémentaires du calcul (addition, multiplication) et de non-commutativité de certaines autres (soustraction, division) ont attiré l'attention sur les propriétés intrinsèques de transformations algébriques dont certaines, telles celles pouvant permuter entre elles les racines d'une équation algébrique, ont également concouru à la genèse de la théorie des groupes et dont d'autres ont conduit sinon à l'invention, du moins à la caractérisation, d'objets mathématiques nouveaux (matrices, commutateurs et algèbres de Lie, anticommutateurs, etc., toutes structures si importantes dans les théories quantiques).

Il n'est jusqu'au domaine de la théorie des probabilités qui, comme B. van Fraassen l'a clairement montré (van Fraassen 1994) ne mobilise implicitement (par l'intermédiaire du principe dit d'"indifférence" notamment) les propriétés de symétrie des problèmes dans lesquels elle s'applique. Ce sont d'ailleurs fréquemment des arguments de symétrie qui permettent de résoudre simplement certains paradoxes probabilistes, tel le célèbre paradoxe de Bertrand, par exemple, que nous serons amenés à étudier ultérieurement.

Toutefois, et malgré la puissance des instruments théoriques et techniques que mettaient à la disposition des scientifiques les approches fondées sur l'étude des symétries (voir aussi [Collectif 1989], et plus techniquement en mathématiques, physique et chimie [Sivardière 1994]), il est apparu rapidement (et bien que la prise en compte systématique de ces phénomènes dans le cadre scientifique de la physique soit beaucoup plus récente) que bien des phénomènes rencontrés dans la nature semblaient échapper à de telles approches et même les mettre en défaut. Ainsi, comment expliquer le passage, lors d'une transition de phase, telle la congélation de l'eau par exemple, d'une symétrie plus élevée (isotropie du liquide) à une symétrie moins élevée, celle du cristal de glace ? Ou encore, comment expliquer que, spontanément, un aimant qui, à basse température, présente une direction magnétique privilégiée, celle de son moment magnétique, perde, au-delà d'une certaine température (la température de Curie), cette direction privilégiée (puisque son moment magnétique s'annule) et devienne donc isotrope, c'est-à-dire, cette fois, passe d'un état de symétrie moins élevé à un état plus élevé ? La prise en considération et l'étude approfondie de telles situations de brisures de symétries au cours de processus physiques ont conduit au développement (au moyen de la mécanique statistique puis de la procédure du (semi)groupe de renormalisation) de la théorie des phénomènes critiques (Boccara 1976, Le Bellac 1988, Toulouse *et al.* 1975, Wilson *et al.* 1974). Celle-ci, de façon très significative pour notre propos, même si cela peut paraître surprenant dans le cadre de la criticité, a d'ailleurs débouché sur la mise en évidence de nouveaux invariants (autant dire de nouvelles symétries), en dégageant ce que l'on appelle des classes d'universalité pour ces phénomènes, classes dans lesquelles les spécificités propres à nombre de systèmes se trouvent gommées au niveau, par exemple, de l'analyse du comportement de leurs exposants critiques lors des transitions. Il se révèle, en effet, que ces derniers, s'autonomisant par rapport aux détails des systèmes qu'ils contribuent à modéliser, ne deviennent finalement tributaires que de caractéristiques très générales, telles par exemple que les dimensionalités des espaces pertinents pour rendre compte des phénomènes (espace réel de plongement, ou espace de définition des paramètres d'ordre).

Ces théories relatives aux brisures de symétrie ont ouvert la voie - en rapport souvent avec la théorie des singularités et plus précisément parfois avec celle des catastrophes (Thom 1988) - à l'étude générique de la criticité. La complexification a pu être conçue comme l'effet de cascades de bifurcations (Nicolis *et al.* 1989), c'est-à-dire comme suite de brisures successives de symétrie. L'analyse des routes menant vers des régimes chaotiques et l'étude des propriétés de certains chaos eux-mêmes (Bergé *et al.* 1984, Hao 1984, Manneville 1991, Ruelle 1989, Schuster 1988) ont permis pour leur part de développer l'étude de situations inattendues (sensibilités aux conditions initiales et manifestations apparemment aléatoires de systèmes déterministes), quoique parfois déjà rencontrées et analysées depuis longtemps dans des contextes purement mathématiques (Poincaré, Lévy), ainsi que celle de la criticalité auto-organisée (Haken 1977, Bak 1987). L'ensemble de ces travaux théoriques relatifs aux phénomènes critiques, c'est-à-dire aussi aux mécanismes de brisures de symétries même si on ne les range pas toujours sous cette rubrique, a permis de fournir des modèles très évocateurs et féconds pour le développement de théories dites de l'auto-organisation (Collectif 1983, Kauffman 1993), débouchant sur la prise en compte et l'examen de situations spécifiquement biologiques (Varela 1989).

Parallèlement, la thermodynamique des processus irréversibles, son traitement par la mécanique statistique et les paradoxes qui ont pu en résulter (les équations de la mécanique des éléments constituant un système isolé sont réversibles dans le temps, alors que globalement, les grandeurs macroscopiques caractérisant ce système - température, densité, pression - évoluent de façon irréversible vers l'équilibre lorsqu'elles en ont été écartées) ont contribué à mettre en évidence les problèmes de brisure de symétrie temporelle liés à l'irréversibilité du temps. Ces problèmes, ainsi que ceux qui ont été soulevés par la violation de la symétrie de parité dans le cas de certaines interactions faibles (en radioactivité ß la symétrie P et surtout, en ce qui concerne la temporalité, pour la désintégration du méson K, la symétrie CP) ont conduit à poser la question de l'existence d'une irréversibilité intrinsèque des phénomènes naturels (Prigogine *et al.* 1988, Prigogine 1996), liée sans doute pour une part essentielle à l'existence d'une "flèche du temps" (Klein *et al.* 1994). Cette dernière a pu être associée à divers phénomènes physiques (Zeh 1989), parfois fort distincts entre eux, mais une des raisons avancées parmi les plus spectaculaires est celle qui l'attribue à des causes cosmologiques, en liaison avec la théorie dite du "big-bang" et à l'expansion de l'univers qui en résulte. Le "big-bang" lui-même a pu être associé à une hypothétique brisure spontanée de symétrie (du vide quantique énergétique sous l'effet de fluctuations quantiques intrinsèques). C'est dire à quel point les concepts de symétrie et de brisure de symétrie prennent désormais une place importante voire fondatrice dans la représentation des causes physiques : la naissance même de l'univers en serait tributaire !

Signalons d'ailleurs, puisque nous avons évoqué la cosmologie moderne, que les tentatives les plus récentes pour construire une théorie unifiée des interactions fondamentales explorent activement la voie de symétries nouvelles (les "supersymétries", susceptibles d'unifier les comportements fermioniques et bosoniques), la distinction entre les différentes interactions (gravitation, force nucléaire forte, force nucléaire faible, électromagnétisme) résultant précisément de découplages et brisures de symétrie successives au fur et à mesure de l'expansion et du refroidissement de l'univers.

Ainsi, de ce tableau sommaire de l'apparition et du développement du rôle des symétries et de leurs brisures dans les sciences de la nature, il ressort finalement que, comme on pouvait rétrospectivement s'y attendre, plus que le recours au seul concept de "symétries" ou, à l'inverse, à la seule mise en valeur de "dissymétries", c'est bien le rapport symétries/ brisures de symétries, c'est-à-dire aussi le passage dynamique d'une structure à une autre, qui contribue aux constructions contemporaines de l'objectivité scientifique dans ces domaines et à l'intelligibilité conceptuelle des structures qui en résultent.

Enfin, pour clore ce paragraphe, nous reviendrons à une remarque que nous avons déjà faite précédemment, à savoir qu'en même temps que se développaient l'étude et la maîtrise des propriétés générales de symétrie, la distinction entre les propriétés de symétrie des objets eux-mêmes (symétries intrinsèques) et celles des *opérations* de symétrie (transformations abstraites) qu'on peut faire subir à des objets (ne présentant donc pas nécessairement par eux-mêmes de telles symétries) s'est approfondie pour conduire à la formulation de principes d'invariance et de conservation très généraux. C'est ce dernier aspect que nous voulons aborder maintenant, ce qui nous donnera l'occasion de considérer le rôle des symétries dans des domaines encore beaucoup plus récents de la physique, que nous n'avons pas encore vraiment évoqués dans ce paragraphe mais qui trouveront leurs places dans les Variations suivantes.

1.2.2. Symétries mathématiques et invariants physiques : réalités disciplinaires et importance gnoséologique[2]

Le pas théorique et conceptuel principal a été franchi au début du 20ème siècle, lorsque l'on commença à comprendre qu'aux opérations continues de symétrie, laissant invariantes les données d'un système physique ou exprimant un principe de relativité, correspondait très généralement la conservation de certaines quantités caractéristiques du système (par exemple aux invariances de translation dans le temps et dans l'espace correspondent respectivement la conservation de l'énergie et du moment cinétique).

On sait maintenant de façon très générale (et nous le montrerons dans la suite) que les contraintes qu'imposent

[2] Ayant trait aux fondements de la connaissance (DB).

des symétries mathématiques sur les lois et théories physiques - ainsi, donc, que sur les propriétés phénoménales que l'on s'attend à observer dans les systèmes physiques considérés - engendrent des propriétés de conservation, des invariances relativement à des principes de relativité, voire des comportements statistiques (les deux statistiques quantiques, par exemple). Selon la nature des "objets" sur lesquels portent les contraintes en question, il peut d'ailleurs être éclairant de distinguer entre symétries (plus ou moins) *intuitives* (portant sur des espaces-temps variés, externes ou internes), symétries *formelles* (portant par exemple sur des étiquetages de quantons[3]) et symétries *abstraites* (commutativité, anti-commutativité, relations d'équivalence, égalité).

Dans la première catégorie on peut ranger, d'une part, des symétries continues (théorème de Noether et quantités conservées, groupes de Lie opérant sur des espaces internes et invariances de jauge, groupes de difféomorphismes portant sur des espaces externes et principes de relativité) et, d'autre part, des symétries discrètes (parité P, inversion du temps T, conjugaison de charge C et théorème PTC correspondant), ainsi que divers cas d'invariance d'échelle (symétries de dilatation), notamment celui des longueurs de corrélation aux points critiques lors des transitions critiques.

---

[3]Dans toute la suite, nous suivrons la terminologie proposée par (Lévy-Leblond *et al.*) qui désignent sous ce terme de *quantons* les entités quantiques que l'on appelle ordinairement "particules". Cette caractérisation offre l'avantage conceptuel de n'avoir plus, à chaque fois, à s'interroger sur l'aspect ondulatoire ou particulaire des objets en question dont on sait, par ailleurs, que la théorie quantique a montré qu'ils étaient potentiellement l'un *et* l'autre selon la nature des expériences auxquelles on les soumettait.

Dans la deuxième catégorie on trouve notamment les effets qu'entraînent les symétries ou antisymétries des fonctions d'onde de quantons sous l'échange des "noms" des éléments (indistingabilité) sur les statistiques gouvernant le comportement collectif des bosons et des fermions, respectivement, et par conséquent sur les propriétés physiques qui leur sont associées (superfluidité de l'hélium, impénétrabilité de la matière, par exemple).

Dans la troisième catégorie, enfin, on pourra ranger tout ce qui concerne en fait des thématisations variées du principe d'identité (en rapport avec la relation d'équivalence et avec l'égalité), ainsi, d'un point de vue plus physique, que les effets des propriétés de commutativité ou d'anticommutativité de certains opérateurs sur le comportement des quantons associés à ces opérateurs, jusqu'aux propriétés de supersymétries (entre fermions et bosons) telles qu'elles commencent à s'imposer dans la physique la plus récente.

Enumérations et catégorisations qui révèlent combien les concepts associés aux symétries sont devenus omniprésents et opératoires dans les problématiques les plus modernes de la recherche en physique. A tel point que, comme le relève C. Chevalley dans sa *Présentation* à l'ouvrage de B. van Fraassen (van Fraassen 1994), on en vient, dans l'analyse de la physique contemporaine et dans son fonctionnement même, à *"<...> substituer au concept de loi celui de symétrie"*, reprenant ainsi et étendant l'appréciation de l'auteur qui, au moment où il adopte ce qu'il appelle "l'approche sémantique" dans l'analyse de la physique, n'hésite pas à affirmer, toujours à propos de la symétrie : *"Je considère ce concept comme la principale voie d'accès au monde que nous construisons dans les théories."*

Une telle radicalité pourrait à première vue surprendre, mais elle s'explique assez bien si l'on prend conscience qu'il s'agit finalement de considérer des éléments essentiels du processus même de construction de l'objectivité physique et de la détermination des objets scientifiques correspondants. En effet, comme aux principes de relativité et de symétrie sont associées des conservations de quantités physiques et que toute la physique s'appuie sur la mesure de quantités rapportées à des propriétés qui doivent rester stables pour pouvoir être observées, on peut aller jusqu'à soutenir que ces relativités et symétries, alors même qu'elles semblent réduire les informations possibles relatives aux systèmes étudiés, sont constitutives de l'*identité* même de ces systèmes. Comme s'il s'agissait, reprenant le vieux vocabulaire de la scolastique médiévale, de dégager leurs qualités premières (en l'occurrence leurs structures identitaires essentielles) en laissant aux "lois" le soin de réguler leurs qualités secondes (à quoi correspondraient ici leurs comportements en situation). Pour poursuivre un instant sur ce terrain plus épistémologique, on pourrait même aller plus loin dans l'analyse des rapports entre symétrie et identité en considérant que toute information est une brisure (relative) de symétrie et que réciproquement, toute brisure relative de symétrie constitue un élément objectif d'information. Selon un tel schéma, il deviendrait alors pertinent de considérer qu'au couple métaphysique substance/forme, auquel s'est partiellement substitué à l'ère scientifique le couple énergie/information (ou entropie), correspond finalement le couple symétrie/brisure de symétrie en tant que constitutif de l'identité de l'objet scientifique, que nous venons de mentionner. C'est que, presque par définition, ce qui existe a un côté dissymétrique, celui-là même grâce à quoi nous le distinguons. Ce qu'exprime à sa manière I. Prigogine (Prigogine 1994) lorsque, analysant cette asymétrie que constitue l'irréversibilité temporelle des phénomènes, il s'exclame : *"L'univers est dissymétrique"* et lorsque, pour appuyer son propos, il rapporte les paroles de Pasteur : *"La vie telle qu'elle se manifeste à nous est une fonction de l'asymétrie de l'univers et une conséquence de ce fait."*. Il est vrai que c'est d'abord Pasteur qui, parmi les premiers, a semblé le mieux prendre en compte explicitement le rôle des brisures de symétrie dans le vivant. Du fait, sans doute, qu'il avait déjà eu l'attention attirée par ses travaux de physico-chimiste sur la rotation opposée du plan de polarisation de la lumière par les tartrates selon qu'ils sont dextro- ou lévo-gyres, c'est-à-dire selon que leur molécule présente une configuration ou la configuration symétrique (dans un miroir) et que l'activité biologique des molécules correspondantes s'est révélée dépendre fortement de la configuration étudiée.

De ces considérations il résulte que, si nous prenons un peu de recul par rapport à l'analyse directe du rôle des symétries et brisures de symétrie dans les sciences de la nature, nombre de réalisations des formes symétriques qui y sont observées peuvent être généralement dérivées de la conjonction de deux types de principe originaire : l'un de nature mathématique qui fixe le cadre référentiel et l'autre de nature physique qui détermine les conditions du phénomène. Par exemple, la forme sphérique que prennent des bulles de savon est dérivable, d'une part, des propriétés d'homogénéité et d'isotropie attribuées à l'espace (mêmes propriétés partout et dans toutes les directions) - principe référentiel qui fixe le cadre mathématiquement possible – et, d'autre part, de la nécessité d'avoir à réaliser une surface minimale - qui vient cette fois du principe physique de minimisation de l'énergie et qui est liée à l'existence concrète et aux propriétés de la tension superficielle -.

En généralisant - un peu abusivement, peut-être - il semble bien qu'à l'exception notable des situations critiques où prévalent des critères essentiellement différents, liés précisément à des brisures de symétries, dans tous les cas où ce sont la physique et la chimie qui sont sollicitées, la tendance semble être à la formation des structures les plus symétriques possibles (relativement aux déplacements, notamment) en accord avec les contraintes d'interactions physiques. Tout en considérant que, pour l'analyse épistémologique de la physique classique du moins, il y a au moins trois niveaux de déterminations à prendre en compte :

*le premier, quasi métaphysique, postule que les phénomènes et événements physiques prennent place dans un espace homogène et isotrope (tout milieu qui ne présente pas ces caractéristiques est néanmoins supposé plongé lui-même dans un tel espace) dont on a du mal à dire qu'il est vraiment physique (il serait plutôt de nature abstraite, purement mathématique) ;

*le deuxième fait appel aux principes physiques proprement dits (conservations, invariances, extrémalités) et restreint de ce fait l'indétermination spatio-temporelle sans pour autant remettre en question les symétries fondamentales de départ ;

*le troisième enfin exprime les contraintes (conditions initiales et aux limites, etc.) auxquelles sont soumis les phénomènes étudiés ; c'est le plus souvent à ce dernier niveau qu'interviennent les brisures de symétrie caractéristiques.

En revanche, comme nous l'avons déjà évoqué au paragraphe précédent, il semble que - dues vraisemblablement au caractère éminemment critique propre aux situations biologiques - des brisures de symétrie doivent s'installer pour permettre au vivant d'apparaître et de perdurer. La fonctionnalité biologique pourrait être intimement associée à une dissymétrie de déplacement (d'où la remarque de Pasteur, citée plus haut), tout en privilégiant néanmoins parfois une symétrie de dilatation dont elle exploiterait la géométrie et la dynamique (invariances d'échelles et structures fractales), se rapprochant ainsi des situations physiques critiques (où l'invariance d'échelle affecte les longueurs de corrélation et traduit le passage d'une pertinence des comportements locaux et individuels des composantes du système, pour en déterminer l'état, à celle d'un comportement global et collectif).

En fait, et conformément à la remarque que nous avons faite précédemment, il apparaît que le biologique comme le physique, mais dans un registre de criticité bien différent, est le lieu du couplage entre symétrique et dissymétrique bien plus que celui de la prépondérance décisive d'un seul des deux termes de l'alternative. Nous avons déjà mentionné les symétries de type bilatéral ou de répétition (métamérisation) qui répondent sans doute à des nécessités ou des commodités fonctionnelles. Mais au-delà, il existe d'autres structures particulières qui confinent à l'invariance, presque au sens des invariants physiques que nous venons d'examiner brièvement. Ces structures peuvent présenter plusieurs caractères, mais la plupart de ces derniers sont associés à des propriétés d'allométrie biologique (Thompson 1994) ou de "scaling". Nous avons déjà fait état d'organes présentant des invariances d'échelle, pourvus de géométries fractales (Mandelbrot 1982, Bailly *et al.* 1989), telle la membrane alvéolaire du poumon, les villosités de la paroi intestinale, la pie-mère du cerveau ou, dans une configuration différente, les arborescences des systèmes vasculaires, bronchiques ou nerveux. Par ailleurs les dynamiques dont peuvent être le siège certains organes (cœur [Auger *et al.* 1989], cerveau [Babloyantz *et al.* 1993]) sont parfois gouvernées par l'existence d'attracteurs étranges (eux aussi de dimensions fractales [Ruelle 1989]), engendrant des régimes chaotiques [Demongeot *et al.* 1989], [Kauffman 1993]). De même, il est possible que certains processus gouvernant les phénomènes d'embryogenèse et de développement soient régis par des dynamiques de ce type (Bailly *et al.* 1991). Ceci pour le spatial ou le dynamique. Mais il en va de même en ce qui concerne le comportement dans le temps des structures biologiques (Glass *et al.* 1988). En effet, il est bien connu qu'il existe plusieurs types d'horloges biologiques, à des niveaux d'organisation aussi distincts que celui de la cellule ou de l'organisme. Le point que nous voulons souligner ici, c'est que les rythmes biologiques ainsi assurés dépendent d'un paramètre d'échelle lié à la taille (en l'occurrence la masse) des structures qui en sont le siège (les temps caractéristiques ou les périodes "scalent" en général comme la puissance 1/4 de ces masses (Peters 1983, Schmidt-Nielsen 1984)). Dès lors il est facile de montrer que se dégagent des invariants qui sont des nombres purs et qui caractérisent des classes entières d'organismes (Bailly 1991). Ainsi, dans une vie moyenne de souris ou d'éléphant ou de n'importe quel autre mammifère, on dénombre autant de cycles respiratoires ou cardiaques : seuls changent les fréquences en fonction de la masse des animaux (elles varient en puissance -1/4, bien entendu). Manifestement il y a là de quoi trouver la source d'une analogie possible avec les situations rencontrées en physique : comme l'expression d'une invariance (le nombre de cycles d'une fonction physiologique donnée) associée à un principe de relativité (ce nombre ne distingue pas entre différentes espèces d'une même classe), le paramètre d'échelle étant représenté par la masse des organismes pris en compte.

Mais, bien entendu et malgré toutes ces indications, les situations où se manifestent ces possibles invariances biologiques se distinguent des situations physiques par le fait essentiel que, la formalisation mathématique de la biologie étant relativement peu avancée, il n'est pas possible d'avoir recours à des théorèmes aussi forts que le théorème de Noether pour en dériver déductivement les invariances pertinentes en les corrélant à des principes de relativité (c'est-à-dire, en fait, de symétrie) explicites et bien définis. Tout en constatant empiriquement l'existence de telles invariances et tout en parvenant à les systématiser conceptuellement, nous en restons encore au domaine de l'analogie avec la physique. Il demeure néanmoins que la recherche et la discussion de telles propriétés peuvent jouer un rôle heuristique considérable dans l'exploration et la compréhension du vivant.

1.2.3. Symétries, brisures de symétries et causalité : autour du principe de Curie[4] et de ses généralisations

L'existence de rapports étroits entre certaines propriétés de symétrie d'un système et certaines de ses propriétés physiques est apparue d'abord en minéralogie, dans la recherche de critères de classification des minéraux puis, plus précisément, dans l'étude des propriétés mécaniques puis optiques des cristaux, en liaison avec leurs structures. Comme nous l'avons rappelé plus haut, c'est Pasteur qui mit en évidence le rapport entre l'activité optique de certaines molécules (leur pouvoir rotatoire sur la lumière polarisée) et l'existence de symétries chirales pour ces

---

[4] Pour une étude récente sur le principe de Curie, voir (Sivardière 1986) et, plus récemment encore, dans le cadre général des symétries en mathématiques, physique et chimie (Sivardière 1994).

molécules. De même, certaines propriétés magnétiques ou électriques de cristaux (telle la piézo-électricité, par exemple, ainsi que l'ont montré les frères Curie), se sont révélées dépendre des symétries internes des arrangements cristallins qui les composent. De ces observations et corrélations de plus en plus systématiques à l'énoncé d'une règle générale, il y avait un pas à franchir qu'accomplit P. Curie à la fin du 19ème siècle sous la forme d'un principe qui porte désormais son nom. Bien que facile à énoncer et intuitivement aisé à accepter, le principe de Curie, lorsque l'on cherche à l'appliquer dans des situations concrètes, cache parfois des subtilités que nous ne détaillerons pas (voir Sivardière 1986 pour des précisions), mais dont nous évoquerons certaines, notamment dans le cas des phénomènes critiques.

Pris à son niveau le plus général, le principe de Curie énonce donc que, dans les phénomènes naturels, la symétrie des causes se retrouve dans la symétrie des effets. En comprenant dans les causes tout ce qui a trait aux données du phénomène (nature du problème, contraintes, causes proprement dites) et par effets tout ce qui a trait à ses manifestations (résultats de mesures, morphologies,...). Tout intuitif qu'il puisse sembler, ce principe est techniquement beaucoup plus subtil qu'il n'y paraît (précisément dans la détermination exacte des conditions causales effectives, qui ne coïncident pas toujours avec les apparences). Par ailleurs, considéré comme principe physique *a priori*, il comporte en fait une portée métaphysique importante en ce qu'il engage tout à la fois une référence implicite au principe de raison suffisante, d'une part, et une hypothèse contraignante sur l'existence et la nature de la causalité physique, d'autre part.

Ce principe s'est révélé avoir une pertinence certaine et une grande extension ; toutefois il s'est trouvé des situations physiques dans lesquelles il devenait inapplicable, en particulier dans les situations critiques, caractérisées, précisément, par une brisure de symétrie du système considéré (ou, à l'inverse, par l'apparition de symétries inattendues, si la transition critique est franchie en sens inverse, par exemple dans le passage d'un cristal au liquide dans le cas d'une fusion).

Pour généraliser le principe de Curie au cas des effets qui manifestent des brisures de symétries par rapport aux causes (phénomènes critiques, transitions de phase), on est alors conduit à considérer non plus seulement une expérience singulière qui manifeste cette brisure, mais la classe entière des expériences équivalentes et de leurs résultats. Comme les brisures de symétrie se trouvent singularisées de façon aléatoire par des fluctuations qui les orientent (c'est l'hypothèse fondamentale qui fait l'économie de l'existence d'autres "causes" qui n'auraient pas été considérées dans le problème), la prise en compte de toutes les expériences possibles contribue à éliminer ce caractère aléatoire en le moyennant et à restaurer dans l'actuel, et en moyenne, la symétrie des potentialités. Il reste néanmoins que la prédictibilité précise du résultat d'une expérience donnée demeure limitée : si l'on sait qu'il appartient nécessairement à la classe des symétries autorisées par le principe de Curie, on ignore quelle possibilité il actualise, ce en quoi précisément la symétrie se trouve spontanément brisée.

Toutefois, il existe des situations, en particulier en physique quantique, où, du fait même de la nature de la physique considérée, c'est le principe lui-même qui semble complètement subverti. Par exemple dans le cas où l'interprétation de l'observation des phénomènes fait intervenir ce que l'on appelle la "réduction de la fonction d'onde" ou encore la "projection du vecteur d'état", lors de la mesure physique, interprétation qui a donné lieu à bien des controverses comme en témoignent les débats autour du paradoxe EPR (Einstein *et al.* 1935) et des expériences d'Aspect (Aspect *et al.* 1982) pour vérifier les inégalités de Bell (Bell 1966). Cette circonstance a conduit bien des auteurs à contester la pertinence de la référence à la causalité physique usuelle dans les raisonnements quantiques et à invoquer l'existence de processus a-causaux dans ce domaine. C'est que l'aléatoire qui s'introduit dans le cas des résultats de la mesure quantique semble bien n'avoir rien à voir avec celui qui est invoqué lors de la manifestation de phénomènes critiques. En effet, et malgré les controverses encore vivantes sur ces questions, cet aléatoire quantique semble intrinsèque et ne paraît pas théoriquement réductible à l'action de "variables cachées" dont l'élucidation permettrait de replacer les phénomènes dans un cadre causal univoque (comme ce serait le cas dans une transition de phase classique si l'on connaissait exactement toutes les circonstances de l'expérimentation, fluctuations comprises).

Ainsi, il apparaît une fois de plus que, derrière l'énoncé de quelques principes heuristiques et qui se veulent essentiellement opératoires pour la recherche mais qui ne sont vraiment explicatifs que dans le cadre d'une discipline donnée, tel le principe de Curie, c'est souvent de difficiles questions relatives à la théorie générale de la connaissance qui se trouvent soulevées, en l'occurrence celle de l'effectivité et de la nature de la causalité physique.

Mais, puisque nous ne comptons pas revenir dans la suite sur le principe de Curie et ses applications, passons, avant de conclure, à deux catégories d'exemples qui, tout en mettant en valeur son intérêt intrinsèque, illustreront des propriétés révélant certaines subtilités conceptuelles (certains de ces exemples sont repris et adaptés de [Sivardière 1986]).

i) Mise en évidence de la distinction entre vecteurs polaires et vecteurs axiaux

Le plus souvent, lorsque l'on parle de vecteurs, en physique, on pense à des entités mathématiques dont le sens (le signe) est une propriété intrinsèque et auxquelles correspondent des grandeurs comme les forces ou les vitesses. On les appelle des vecteurs *polaires*. Mais il existe aussi des vecteurs dont le signe n'est pas intrinsèque et qui dépend donc conventionnellement de l'orientation choisie pour l'espace lui-même (c'est le cas quand il s'agit de définir vectoriellement une rotation dans l'espace en question ou le résultat d'un produit vectoriel). Il s'agit alors de vecteurs *axiaux*. L'important, pour nous, tient à ce que les propriétés de symétrie de ces types de vecteurs sont différentes. Ainsi, dans l'espace usuel, la symétrie par rapport à un plan laisse invariant un vecteur polaire seulement si ce dernier lui est parallèle, alors qu'elle ne laisse invariant un vecteur axial que s'il lui est perpendiculaire. C'est ce qui permet de prévoir ou d'interpréter les comportements de certains systèmes physiques.

* Par exemple, le vecteur champ magnétique **B** d'un solénoïde infini est un vecteur axial dirigé suivant l'axe du solénoïde. Un plan perpendiculaire à cet axe est donc un plan de symétrie du système global et ce, quelle que soit la hauteur (z) à laquelle il coupe l'axe. La symétrie de translation parallèle à l'axe z qui en résulte impose donc que le champ **B** soit indépendant de (z), ce qui constitue un résultat qualitatif important même s'il ne définit pas complètement le vecteur **B** (en fait ce vecteur est nul, mais ce résultat découle de principes physiques et ne peut être obtenu à l'aide du seul principe de Curie).

* Autre exemple : le paradoxe apparent de l'expérience d'Oerstedt est résolu de façon similaire. Cette expérience consiste à placer dans un même plan un fil électrique et une aiguille aimantée de moment magnétique **m** suspendue à un fil situé, lui aussi, dans ce plan. Si l'on fait passer un courant dans le fil, apparemment le plan dans lequel sont situés tous les éléments du problème est un plan de symétrie et l'aiguille devrait rester dans ce plan. Or on sait qu'en réalité elle s'oriente perpendiculairement à lui. Ceci est dû au fait que le vecteur moment magnétique **m** n'est pas un vecteur polaire mais un vecteur axial et que, par conséquent et malgré les apparences, le plan commun aux éléments de départ n'est pas vraiment un plan de symétrie du système.

ii) Situations critiques : brisure de symétrie d'un phénomène particulier préservant néanmoins la symétrie d'une classe potentielle de phénomènes

Lors d'une transition critique d'un système passant d'un état de symétrie plus élevée à un état de symétrie moins élevée, nous avons vu que plusieurs possibilités équivalentes quant à la stabilité du système peuvent exister, dont la réunion est susceptible de reconstituer (abstraitement) la symétrie de départ. Pour illustrer cette situation, nous considérerons successivement des exemples présentant des états discrets puis des états continus.

* Quand on fait varier un paramètre critique (telle la température pour la transition para-/ferro-magnétique, ou la pression uniaxe sur les extrémités opposées d'une plaque élastique plane qui va connaître le phénomène de flambage), il se peut que le système, arrivé à la valeur critique du paramètre, se trouve devant une bifurcation

(aimantation "up" ou "down" dans le premier cas, si seuls deux états d'alignement de spins sont autorisés, courbure soudaine de la plaque "à gauche" ou "à droite" dans le second cas). Seules des fluctuations (supposées essentiellement de nature aléatoire) l'amèneront à s'engager sur l'une des deux branches de la bifurcation et à présenter ainsi un état de symétrie moindre. Mais si nous réunissons les deux *potentialités* qui s'offrent au système, elles présentent une configuration globale qui correspond à la symétrie initiale du système où "up" et "down", "à gauche" et "à droite" sont indiscernables. Ainsi, si l'on répète de nombreuses fois l'expérience, l'ensemble des résultats, en tant que classe de comportements, restaurera en moyenne cette symétrie bien que chacun de ces résultats pris séparément en constitue une brisure.

* Les états stables de symétrie brisée du premier type d'exemples sont en nombre fini et forment un ensemble discret de l'espace des états de symétrie. Mais la situation est similaire dans le cas où l'ensemble des états accessibles au système par brisure de symétrie forme un ensemble continu. Ainsi une bille placée en équilibre instable au sommet d'un monticule circulaire est-elle susceptible de tomber à la moindre fluctuation dans un état d'équilibre stable en un point quelconque de la circonférence de base. Là encore, chaque chute particulière forme un état de symétrie brisée par rapport à l'état de départ (la direction de la chute est privilégiée) ; et, là encore, si l'on procède à un très grand nombre d'essais, chaque direction se trouvant équiprobable de par les données même du problème, la symétrie initiale se retrouve globalement restaurée en moyenne.

Ainsi, il apparaît clairement à travers ces exemples que la brisure de symétrie affecte le phénomène dans sa singularité, mais qu'une collectivité de phénomènes semblables peut conserver en quelque sorte la mémoire de la symétrie initiale, rétablissant en moyenne l'applicabilité d'un principe de Curie que la particularité de chaque observation avait vraiment mis en cause. Bien évidemment, dans le cas où les phénomènes étudiés sont strictement singuliers et s'accompagnent d'une impossibilité de reproduction (tel le "big-bang" par exemple, ou dans bien des situations rencontrées en biologie où certains processus sont essentiellement irréversibles et non reproductibles), un tel raisonnement reste en suspens et seule demeure la brisure initiale de symétrie, signe et source de développements ultérieurs.

1.3. CONCLUSION

Dans cette première Variation, nous avons voulu dresser un panorama sommaire mais un peu général du paysage conceptuel et théorique qui semble s'être progressivement organisé autour des notions de symétrie et de brisure de symétrie à partir de constructions de plus en plus abstraites qui ont historiquement permis les passages du mythique au rationnel, de l'intuitif au scientifique, de l'empirique au formel, du contingent au causal.

Les Variations suivantes entreront beaucoup plus dans les arguments et les démonstrations techniques. Elles approfondiront et détailleront bien des structures théoriques évoquées ici et fourniront des justifications à bien des assertions qui les accompagnent. Notamment à celles qui, d'une façon ou d'une autre, soulignent le fait que les concepts de symétrie et de leurs brisures constituent un franchissement supplémentaire dans l'abstraction et la généralité théoriques en venant se substituer opératoirement, dans la pratique, et conceptuellement, dans l'épistémologie de la physique contemporaine, aux concepts de *lois* qui ont pourtant présidé à la naissance de la science moderne et aux développements philosophiques les plus profonds qui l'ont accompagnée.

C'est donc sans doute le moment de relever et de souligner le fait essentiel que, par-delà les analyses relevant de tel ou tel secteur de la physique, une telle situation n'a pu se développer que grâce aux avancées des mathématiques (par l'invention et l'extension, notamment, de la théorie des groupes) accompagnant et nourrissant le mouvement profond de mathématisation de la physique (Ullmo 1969). C'est la raison pour laquelle une grande partie de la suite - dès la prochaine Variation - sera fréquemment organisée autour de la notion mathématique de groupe.

REFERENCES DE LA VARIATION 1

A. ASPECT, P. GRANGIER and G. ROGER, *Experimental realization of Einstein-Podosky-Rosen-Bohm* Gedankenexperiment*: a New Violation of Bell's Inequalities*, Phys. Rev. Lett. **48**, 1982

P. AUGER, A. BARDOU et A. COULOMBE, *Simulation de différents mécanismes électrophysiologiques de la fibrillation ventriculaire*, in : Biologie théorique (Y. BOULIGAND Ed.), Ed. CNRS 1989

A. BABLOYANTZ and A. DESTEXHE, *Non Linear Analysis and Modelling of Cortical Activity*, in: Mathematics Applied to Biology and Medicine (J.DEMONGEOT and V. CAPASSO Eds.), Wuerz 1993

F. BAILLY, *L'anneau des disciplines*, Rev. Int. Syst., **5,** n° 3, 1991

F. BAILLY, F. GAILL et R. MOSSERI, *La fractalité en biologie : ses relations avec les notions de fonction et d'organisation*, in : Biologie théorique (Y. BOULIGAND Ed.), Ed. CNRS 1989

F. BAILLY, F. GAILL and R. MOSSERI, *A Dynamical System for Biological Development: the Case of* Caenorhabditis Elegans, Acta Biotheor. **39**, 1991

P. BAK, C. TANG and K. WIESENFELD, *Self Organized Criticality*, Phys. Rev. Lett., **59**, 1987

F. BALIBAR et J-M. LEVY-LEBLOND, *Quantiques. Rudiments*, 19

J. S. BELL, *On the Problem of Hidden Variables in Quantum Theory*, Rev. Mod. Phys., **38**, 1966

P. BERGE, Y. Pomeau, Ch. Vidal, *L'ordre dans le chaos*, Hermann 1984

N. BOCCARA, *Symétries brisées*, Hermann 1976

J. L. BORGES, *Fictions*, Gallimard 1983

L.CAVALLI-SFORZA et F. CAVALLI-SFORZA, *Qui sommes-nous ?*, Flammarion 1997

J-P. CHANGEUX, *L'homme neuronal*, Fayard 1983

C. CHEVALLEY, *Texte de "Présentation" à l'ouvrage de B. VAN FRAASSEN* (VAN FRAASSEN 1994), Vrin 1994

P. COELHO, *L'alchimiste*, J'ai lu n° 4120, 1996

Collectif, *L'auto-organisation*, Colloque de Cerisy (P. DUMOUCHEL, J-P. DUPUY, Eds) Seuil 1983

Collectif, *La symétrie aujourd'hui*, Seuil 1989

J. DEMONGEOT, F. ESTEVE et P. PACHOT, *Chaos et bruit dans les systèmes dynamiques biologiques*, in : Biologie théorique (Y. BOULIGAND Ed.), Ed. CNRS 1989

D. DENTON, *L'émergence de la conscience*, Flammarion 1995

A. EINSTEIN, B. PODOLSKY and N. ROSEN, *Can Quantum Mechanical Description of Physical Reality be Considered Complete?* Phys. Rev. **47**, 1935

M. ENQUIST and A. ARAK, *Symmetry, Beauty and Evolution*, Nature **372**, 10 Nov. 1994

B. VAN FRAASSEN, *Lois et symétrie*, Vrin 1994

L. GLASS AND M.C. MACKEY, *From Clocks to Chaos. The Rhythms of life*, Princ. Univ. Press 1988

S. J. GOULD, *La vie est belle*, Seuil 1992

H. HAKEN, *Synergetics*, Springer 1977

B-L. HAO, *Chaos*, World Scientific 1984

F. HERITIER, *Masculin / Féminin, La pensée de la différence*, Odile Jacob 1996

A. JENSEN, *Die Mythische Vorstellung vom Halben Menschen*, Paideuma **2**, 1950

R. A. JOHNSTONE, *Female Preference for Symmetrical Males as a By-product of Selection for Mate Recognition*, Nature **372**, 10 Nov. 1994

S. A. KAUFFMAN, *The Origins of Order*, Oxf. Univ. Press 1993

M. KIRKPATRICK and G. G. ROSENTHAL, *Symmetry Without Fear*, Nature, **372**, 10 Nov. 1994

E. KLEIN et M. SPIRO (Eds), *Le temps et sa flèche*, Frontières 1994

R. KUNTZMANN, *Le symbolisme des jumeaux au Proche-Orient ancien*, Beauchesne 1983

M. LE BELLAC, *Des phénomènes critiques aux champs de jauge*, Ed. CNRS 1988

B. MANDELBROT, *The Fractal Geometry of Nature*, W.H. Freeman 1982

P. MANNEVILLE, *Structures dissipatives, chaos et turbulence*, Ed. CEA 1991

R. NEEDHAM, *Unilateral Figures,* in: Reconnaissances, University of Toronto Press 1980

G. NICOLIS et I. PRIGOGINE, *A la rencontre du complexe*, PUF 1989

L. PASTEUR, *Œuvres de Pasteur réunies par Pasteur Vallery-Radot, Tome 1er, Dissymétrie moléculaire*, Masson, 1922

R. H. PETERS, *The Ecological Implications of Body Size*, Camb. Univ. Press 1983

PLATON, *Timée*, Les Belles Lettres 1963

I. PRIGOGINE, *Les lois du chaos*, Flammarion 1994

I. PRIGOGINE, *La fin des certitudes*, Odile Jacob 1996

I. PRIGOGINE et I. STENGERS, *Entre le temps et l'éternité*, Fayard 1988

J. ROSEN, *Resource Letter SP-2: Symmetry and Group Theory in Physics*, Am. J. Phys., **49**(4), 1981

D. RUELLE, *Chaotic Evolution and Strange Attractors*, Camb. Univ. Press 1989

H.G. SCHUSTER, *Deterministic Chaos*, VCH 1988

A. SCHMIDT-NIELSEN, *Scaling*, Camb. Univ. Press, 1984

J. SIVARDIERE, *Remarques sur le principe de Curie*, Bull. Un. Phys., n°689, 1986

J. SIVARDIERE, *La symétrie en mathématiques, physique et chimie*, P.U. Grenoble 1995

R. THOM, *Esquisse d'une sémiophysique*, InterEditions 1988

d'A.W. THOMPSON, *Forme et croissance*, Seuil et Ed. CNRS 1994

G. TOULOUSE et P. PFEUTY, *Introduction au groupe de renormalisation et à ses applications*, P.U. Grenoble 1975

J. ULLMO, *La pensée scientifique moderne*, Flammarion 1969

F. VARELA, *Autonomie et connaissance*, Seuil 1989

H. WEYL, *Symétrie et mathématique moderne*, Flammarion 1964

K. G. WILSON and J. KOGUT, Phys. Reports, **12C**, n°2, 1974

H. D. ZEH, *The Physical Basis of the Direction of Time*, Springer 1989

VARIATION 2

LES SYMETRIES DISCRETES ET LEURS BRISURES

2.1. INTRODUCTION. EXEMPLES

Les symétries associées aux transformations quantiques T, C, P appartiennent évidemment à la catégorie des symétries discrètes (cadre des symétries de type miroir). Nous aborderons l'opération de renversement du temps (qui correspond à T) mais sous un angle tout à fait différent de celui de la physique quantique, à savoir sous l'angle thermodynamique de la réversibilité et de l'irréversibilité des processus physiques - en rapport, bien entendu, avec les formulations en termes de mécanique statistique ou de systèmes dynamiques qui peuvent leur correspondre.

Auparavant, nous prendrons à titre d'illustration introductive l'étude du cas du flambage d'une barre présentant une section triangulaire équilatérale, c'est-à-dire une symétrie discrète d'ordre 3 (nous nous inspirerons tout particulièrement de (Chossat 1996)). L'intérêt de cet exemple tient non seulement au fait qu'il permet une fois de plus de saisir intuitivement le phénomène de brisure spontanée d'une symétrie discrète (comme nous l'avons déjà abordé dans la Variation 1 dans le cas d'une symétrie de type miroir), mais en outre au fait qu'il permet de mettre en évidence l'influence d'un groupe de symétrie spécifique (ici les rotations d'ordre 3 associées à trois réflexions) sur la nature même de la transition (par comparaison avec ce qui se passe dans le cas du flambage d'une plaque présentant une simple symétrie de réflexion, tel que nous l'avons abordé au paragraphe 1.2.3.***ii)*** de la Variation 1).

Considérons donc une barre élastique, homogène, à section triangulaire équilatérale, soumise à une pression à son extrémité et repérons sa position dans un plan perpendiculaire à son axe. L'énergie du système sera E(x,y) dont on supposera que l'on connaît un développement polynomial. Les états d'équilibre (x_e,y_e) seront donc donnés par la condition simultanée (équations A) :

$$\partial E / \partial x = E'_x = 0$$
$$\partial E / \partial y = E'_y = 0$$

Développons maintenant quelques "raisonnements par symétrie" qui nous permettront à la fois, techniquement, de simplifier ce problème lui-même et d'anticiper en quelque manière sur la Variation 5, qui traitera plus généralement et de façon extensive du rôle et de l'usage des symétries dans les raisonnements.

i) On remarquera d'abord que le problème (expression de E(x,y) et équations (A)) étant invariant sous les rotations de $2\pi n/3$ (n entier), il en résulte que l'origine (0,0), seul point invariant du plan sous ces rotations, est un point d'équilibre (on en conclut en effet que le point invariant $[E'_x(0,0), E'_y(0,0)]$ s'identifie au point (0,0)).

ii) On remarquera ensuite que la réflexion ($y \rightarrow -y$) est également une symétrie du problème. L'énergie E doit donc être une fonction paire de y et donc E'_y doit être une fonction impaire de y. Pour tout x on aura donc

$E'_y(x,0) = 0$. Les équilibres sur l'axe des x sont donc définis par la seule équation $E'_x(x,0) = 0$.

iii) Du fait que le point (0,0) doit être solution d'équilibre, le développement polynomial de $E'_x(x,0)$ doit comporter x en facteur. Son expression aux plus bas ordres doit donc être $E'_x(x,0) = x(a + x)$. La solution non nulle sur l'axe des x, au voisinage de x = 0, est donc $x_e = -a$ (a peut prendre des valeurs positives, négatives ou une valeur nulle, ce qui fait que dans un diagramme (x_e,a), ce second état d'équilibre traverse celui correspondant à x = 0 ; la transition est transcritique). Il s'en déduit immédiatement les solutions transformées par les rotations précédentes.

Ces états proches de x = 0 se révèlent instables (il ne peut y avoir de pliure progressive de la barre selon un de ses axes de symétrie radiale) et, en prenant en compte des termes d'ordre supérieur pour affiner l'analyse, on obtient un diagramme d'équilibre. On remarquera sur ce diagramme que, contrairement à ce qui se passait dans le cas de la symétrie de réflexion simple qui présentait une évolution continue de l'état le plus symétrique à l'état de symétrie brisée (bifurquée), la transition liée à cette nouvelle brisure de symétrie est, ici, discontinue : on passe brutalement de l'état droit à l'état plié. On notera, en particulier, l'existence du point de retournement P qui, sur la branche bifurquée, sépare la région d'instabilité de la région de stabilité, ce qui conduit à l'apparition d'un phénomène d'hystérésis. En effet, si l'on fait varier le paramètre "a" à partir de valeurs négatives de grandes valeurs absolues, la barre reste droite jusqu'à atteindre la valeur a = 0, où cet équilibre devient instable (point O). L'état d'équilibre transite alors brusquement vers l'état plié stable (point M). Si ensuite on diminue à nouveau les valeurs de "a", on constate qu'au lieu de revenir immédiatement dans l'état droit (théoriquement possible puisque stable) on reste dans un état bifurqué stable dont la pliure diminue progressivement jusqu'à atteindre le point de retournement P, auquel on repasse tout aussi brusquement à l'état stable droit initial (point N). On a ainsi décrit un cycle d'hystérésis associé à la coexistence de deux états stables en compétition et dont l'occupation dépend de l'histoire antérieure du matériau.

2.2. SYMETRIE ET DISSYMETRIE SOUS LE RENVERSEMENT DU TEMPS EN PHYSIQUE CLASSIQUE : REVERSIBILITE ET IRREVERSIBILITE

Revenons aux questions relatives aux symétries et dissymétries sous le renversement du temps, c'est-à-dire à la très vaste thématique de la réversibilité et de l'irréversibilité des phénomènes physiques (et, du point de vue conceptuel, à celles de la prédictibilité, du déterminisme et de la flèche du temps). Bien entendu - comme nous l'avons déjà évoqué dans la discussion des symétries et brisures de symétries P, C, T -, le renversement du temps dans le domaine quantique soulève aussi et fondamentalement la question de la flèche du temps et de la nature de l'univers physique (en ce qu'il est fait de matière et non d'antimatière ou de pur rayonnement)[5]. Mais c'est sous un angle très différent,

---

[5] En un certain sens, que nous allons immédiatement expliciter, le fait de dire que notre univers est fait de matière revient en même temps à dire qu'il subit une évolution irréversible. En effet, la prévalence de la matière sur l'antimatière (ce qui fait que notre univers existe matériellement et ne se réduit pas à un pur rayonnement) est associée, selon le modèle standard actuellement en vigueur, à la brisure de la symétrie CP (cf. Variation 1). Or, toujours selon ce modèle standard, le théorème CPT (invariance des lois de la physique sous le produit des trois opérations) impose comme corrélat de la brisure de CP celle de T, opération de renversement du temps, et donc celle d'une certaine

celui de la thermodynamique des processus irréversibles (ainsi que celui de la physique statistique qui lui est associée, voire celui du comportement général des systèmes dynamiques), que nous voulons maintenant l'aborder.

En mécanique des systèmes conservatifs, on sait que les équations décrivant le comportement des systèmes sont invariantes sous le renversement du temps (changement de t en -t). Mais dans les phénomènes dissipatifs (présence de frottements, par exemple, dans des systèmes mécaniques), cette invariance est brisée : une flèche du temps apparaît qui, par exemple, conduit un système d'un état hors d'équilibre à un état d'équilibre. D'un point de vue thermodynamique, de tels processus s'accompagnent de l'augmentation de l'entropie du système lorsqu'il demeure isolé (alors que dans les cas réversibles cette production d'entropie reste nulle). Cette augmentation d'entropie est elle-même interprétée du point de vue de la mécanique statistique comme le passage d'un état statistiquement moins probable à un état plus probable (augmentation du nombre de complexions microscopiques réalisant un état macroscopique). Cette augmentation d'entropie, intimement liée à l'irréversibilité du processus, fonctionne donc comme un critère d'évolution du système et donc une mesure de la dissymétrie de l'écoulement temporel pertinent pour lui. C'est aussi une telle interprétation statistique qui permet intuitivement de comprendre pourquoi un système macroscopique formé de sous-systèmes microscopiques tous régis par des équations réversibles dans le temps peut néanmoins présenter

---

forme de réversibilité. Ainsi, si nous poussons l'expression à sa limite pour la rendre plus frappante, matérialité revient à irréversibilité et réciproquement. Ce qui explique que l'on ait pu associer la "flèche du temps" à des causes cosmologiques parmi les plus profondes.

globalement un comportement irréversible (dans le phénomène de diffusion par exemple, où deux gaz dans un même récipient et initialement séparés l'un de l'autre par une paroi se mélangent intimement et définitivement[6] une fois la paroi enlevée).

Dans le domaine linéaire des relations entre flux J_i et forces X_i, (c'est-à-dire près de l'équilibre) la vitesse de production d'entropie σ est une combinaison bilinéaire de ces flux et de ces forces ($\sigma \sim \sum_i J_i X_i$) et le critère de stationnarité des processus est associé au maximum de cette vitesse de production (Prigogine 1963).

[6] Définitivement en pratique. On connaît en effet le paradoxe selon lequel la configuration de départ (séparation des deux gaz) a une probabilité non nulle d'advenir. La solution de ce paradoxe tient au fait que le temps de récurrence d'un tel état est extrêmement long (beaucoup plus grand que la durée d'existence de l'univers lui-même).

2.3. COMMENTAIRE SUR LA VARIATION 2 : SUR LA SOURCE DE L'IRREVERSIBILITE THERMODYNAMIQUE

D'un point de vue de thermodynamique et de mécanique classique, si on devait la résumer à l'extrême, la problématique s'exprimerait dans la confrontation entre les deux faits suivants :

i) d'une part, d'un point de vue macroscopique et comme le montre une approche phénoménologique simple, toute équation de conservation d'une quantité Q se propageant dans l'espace selon un flux $\mathbf{J}_Q$ s'écrit (en l'absence de toute source ou puits) :

$$\partial Q/\partial t = \mathbf{\nabla}\, \mathbf{J}_Q$$

Cette équation, qui vaut aussi bien pour la propagation de la chaleur (le flux au premier ordre est alors proportionnel au gradient de température et l'on a l'équation de Fourier de la chaleur) que pour la diffusion de matière (le flux, à la même approximation, est alors proportionnel au gradient de concentration - ou, plus exactement, de potentiel chimique - et l'on a alors une équation de Fick) et pour bien d'autres phénomènes encore, qu'ils soient simples ou couplés entre eux, cette équation, donc, est du premier ordre en t et, pour autant que le signe du flux reste invariable en fonction du temps, ce qui est très généralement le cas, n'est donc pas invariante sous l'opération de renversement du temps, ce qui manifeste l'irréversibilité du phénomène.

ii) et, d'autre part, du point de vue des phénomènes microscopiques qui sont censés être à l'origine de cette expression macroscopique, les équations différentielles qui régissent les comportements des particules constituant le système étudié sont, elles, toutes du second ordre dans le temps (ce sont les équations de la mécanique newtonienne) et donc invariantes sous l'inversion de t en -t.

Comment concilier ces deux approches qui débouchent apparemment sur deux résultats conceptuellement contradictoires et qui font la substance du paradoxe que Loschmidt opposa aux analyses et calculs de Boltzmann ? Ou, en d'autres termes, quelle peut bien être la source de cette irréversibilité macroscopique que la réversibilité microscopique semble bien incapable d'engendrer ? Cette question, malgré des dizaines d'années d'effort et des acquis que certains considèrent comme réellement décisifs dans le cadre de la mécanique statistique, n'est pas encore définitivement résolue, au sens où les solutions actuellement proposées ne font pas encore l'unanimité de la communauté scientifique. Actuellement trois positions principales semblent bien se confronter dans le cadre strictement thermodynamique (c'est-à-dire indépendamment du problème plus général de la flèche du temps déjà évoqué précédemment et qui concerne tout à la fois la cosmologie, la théorie quantique, etc.).

La première est associée à la théorie ergodique, intimement reliée à la théorie mathématique de la mesure, qui, du point de vue de la thermodynamique, étudie notamment la topologie et la métrique des trajectoires dans l'espace des phases. Un de ses enjeux est de montrer que la moyenne temporelle des quantités pertinentes caractérisant un système est égale à sa moyenne d'ensemble sur l'espace des phases.

La deuxième est associée à l'approche cinétique et à l'étude de la dynamique des corrélations (voir notamment

[Résibois 1966 et 1968]). S'inspirant des travaux pionniers de Boltzmann, elle vise à montrer que l'irréversibilité macroscopique est directement reliée à des concepts statistiques, eux-mêmes justifiés par l'énormité des configurations microscopiques susceptibles d'engendrer la même situation macroscopique. Les apparents paradoxes (cf. celui de Loschmidt, déjà mentionné) qui peuvent surgir de la réversibilité des équations d'évolution des particules individuelles sont surmontés par le fait que le temps de récurrence d'une configuration macroscopique initiale improbable est immensément plus grand que la durée d'existence de notre univers lui-même (cf. les analyses de Poincaré). Cette approche, qui prévaut actuellement dans la communauté scientifique, est aussi associée à la limite thermodynamique des grands systèmes (limite où le nombre d'éléments N tend vers l'infini en même temps que le volume V en sorte que la densité N/V reste finie) et à la transition discret/continu qui l'accompagne dans le traitement mathématique des propriétés étudiées.

Quant à la troisième, associée à l'étude des systèmes dynamiques non linéaires sensibles aux conditions initiales, elle fait, dans certains cas, de l'irréversibilité non pas une propriété émergente, mais bien une propriété intrinsèque dont la réversibilité ne serait qu'un cas particulier, une sorte de dégénérescence idéale. Cette position, que défend aujourd'hui I. Prigogine (et une partie de son école), est loin de faire l'unanimité dans la communauté scientifique, d'autant qu'elle peut avoir des conséquences cosmologiques désagréables en faisant du temps une dimension très spéciale, incompatible avec ce que propose le modèle cosmologique standard actuellement en vigueur[7].

Sous un angle plus conceptuel, maintenant, et en ce qui concerne la deuxième approche, celle qui fait essentiellement appel aux propriétés statistiques des grands systèmes (caractérisés par un nombre très élevé de degrés de liberté), on remarquera que, formellement parlant, d'un point de vue mathématique, toute approximation discrète maintient le caractère réversible des transformations considérées (tout en présentant un temps de récurrence extrêmement grand) et ce n'est que le passage effectif à la limite continue qui semble induire un caractère d'irréversibilité radicale. La situation conceptuelle serait donc à certains égards comparable à celle qui prévaut dans le cas d'une série numérique infinie dont chaque terme est un rationnel mais dont la somme peut être un transcendant (comme la série de terme général 1/n! par exemple dont la somme est le transcendant e) : toute troncature finie engendre un rationnel (aussi proche que l'on veut de la somme transcendante) et seul le passage strict à la limite infinie change la nature théorique fondamentale du nombre obtenu. Cette analogie permet peut-être d'interpréter conceptuellement, sinon théoriquement, des situations dans lesquelles un désordre apparent, issu d'une évolution apparemment irréversible, cache en fait un ordre "impliqué" (pour reprendre l'expression de D. Bohm [Bohm 1987]) et une réversibilité sous-jacente. Un exemple en est fourni par l'évolution du système visqueux décrit ci-après (D. Bohm 1987, R.

---

[7] Ces différentes approches ont été abordées et résumées notamment dans le cadre de la Table Ronde sur l'Irréversibilité organisée lors du Congrès de Physique Statistique de 1998 (Statphys 20) par M. Klein, J. Lebowitz, I. Prigogine, et D. Ruelle.

Brewer *et al.* 1998) où l'étalement et l'uniformisation qui semblent conduire à des distributions aléatoires et irréversibles restituent, par inversion de la rotation du cylindre, une situation très ordonnée restaurant quasi exactement la situation initiale. En effet, on peut considérer que l'évolution en question n'a pas vraiment franchi la limite infinie postulée par la limite thermodynamique du fait que les forces de viscosité qui maintiennent la cohésion de l'ensemble, et donc une contrainte globale, ne permettent pas une libération effective des différents degrés de liberté.

Mais, comme le montrent les comportements de nombreux systèmes dynamiques, l'irréversibilité n'est pas nécessairement liée à l'existence d'un grand nombre de degrés de liberté. Même dans le cas le plus simple, représenté par exemple par la dynamique logistique discrète sur l'intervalle (Feigenbaum 1978, Collet *et al.* 1980) où l'évolution monotone d'un seul paramètre fait subir au système des cascades de bifurcations successives, du fait qu'à chaque état asymptotique bifurqué peuvent correspondre deux antécédents avant bifurcation, il devient impossible de retracer de façon strictement univoque l'histoire antérieure du système. Il en résulte qu'une inversion du sens de variation du paramètre ne permet pas de remonter avec certitude le cours de l'évolution effective du système et donc qu'un renversement du temps, même s'il inverse effectivement le sens de variation de ce paramètre, ne permet pas de retrouver de façon non ambiguë un état initial.

Notons en l'occurrence que ces indéterminations quant à l'évolution d'un système (quelles branches de bifurcation seront empruntées par ce système lors des transitions critiques) ou quant au retraçage de son histoire passée (de quelle situation initiale il est issu) ne mettent pas en cause le caractère essentiellement déterministe des équations qui le gouvernent. Ce sont plutôt ses caractères de prédictibilité et de rétrodictibilité qui se trouvent affectés, c'est-à-dire la substance de ce déterminisme particulier qu'est le déterminisme laplacien, essentiellement fondé sur l'univocité et la réversibilité de son évolution temporelle.

REFERENCES DE LA VARIATION 2

R. BALESCU, *Equilibrium and Non Equilibrium Statistical Mechanics*, John Wiley & Sons 1975

D. BOHM, *La plénitude de l'univers*, Le Rocher 1987

R. BREWER et E. HAHN, *La symétrie par renversement du temps*, in : Les symétries de la nature, Dossier : Pour la science, Juillet 1998, p.80

P. CHOSSAT, *Les symétries brisées*, Pour la Science 1996

G. COHEN-TANNOUDJI et M. SPIRO, *La matière-espace-temps*, Fayard 1986

P. COLLET et J-P. ECKMANN, *Iterated Maps on the Interval as Dynamical Systems*, Birkhäuser 1980

M. J. FEIGENBAUM, *Quantitative Universality for a Class of Non Linear Transformations*, J. Stat. Phys., **19**, p.25, 1978

E. KLEIN et M. SPIRO (Eds.), *Le temps et sa flèche*, Frontières 1994

I. PRIGOGINE, *Non Equilibrium Statistical Mechanics*, Interscience 1963

P. RÉSIBOIS, *A Perturbative Approach to Irreversible Statistical Mechanics*, in: Physics of Many-Particle Systems, Vol **1**, (E. MEERON Ed.), Gordon and Breach 1966

P. RÉSIBOIS, *Electrolyte Theory*, Harper & Rows 1968

H. D. ZEH, *The Physical Basis of Direction of Time*, Springer 1989

VARIATION 3

LES SYMETRIES CONTINUES ET LEURS BRISURES

"Autant que je le sache,
tous les résultats a priori *de la physique*
ont eu leur origine dans la symétrie"

(Weyl 1996)

3.1. EXEMPLES INTRODUCTIFS

Nous allons examiner la façon dont nous pouvons interpréter et théoriser des situations physiques, qu'il s'agisse de nous focaliser sur des propriétés de symétrie ou au contraire sur leurs brisures.

Nous sommes habitués, sans nécessairement l'expliciter ainsi, à l'existence de symétries continues, ne serait-ce que dans le cadre cinesthésique de nos propres déplacements dans l'espace. Mais il en va souvent de même dans le cadre d'observations plus objectives. Ainsi, quand nous considérons qu'un fluide est, en moyenne, homogène et isotrope, nous considérons en même temps que ses propriétés caractéristiques (densité, composition, température, ...) sont invariantes par des translations (aux effets de bords du récipient près) et des rotations. Il faut une cristallisation pour rompre certaines de ces symétries et privilégier certaines directions et certains arrangements, ce qui ne signifie évidemment pas que toutes les symétries initiales aient été brisées : certaines subsistent qui caractérisent le nouvel ordre obtenu. La théorie de telles transformations relève de la théorie des transitions de phase et des phénomènes critiques et nous les aborderons dans leur généralité à la fin de cette Variation (paragraphe 3.C.5).

De même, nous acceptons volontiers l'idée suivant laquelle l'espace lui-même (indépendamment, donc, de toute distribution de matière ou d'énergie qui peut y exister) est homogène et isotrope et que le temps physique lui-même est homogène. Mais ces conceptions d'un espace et d'un temps indépendants l'un de l'autre et possédant une structure elle-même indépendante des événements physiques qu'on y repère ont été très largement subverties par les théories de la relativité. Néanmoins, c'est à nouveaux frais et de façon très radicale que ces théories ont imposé l'idée qu'*a priori* tous les "lieux" se valent dans l'univers physique, même si pour ce faire il a fallu surmonter bien des résistances, d'abord de type théologique (révolution copernicienne) puis psychologique (révolutions einsteiniennes). Par ailleurs, au cours du développement de la physique quantique, et compte tenu de l'emprise et du succès des représentations géométriques, l'idée a prévalu selon laquelle on pouvait représenter certains états de quantons en termes d'espaces internes, des fibres dont l'espace-temps constituerait la base. Cela a donné naissance non seulement aux premières classifications phénoménologiques des particules élémentaires, mais surtout à toutes les théories de jauge où les symétries du lagrangien, censées laisser invariantes de telles propriétés internes, agissaient essentiellement sur ces fibres. Et il s'est révélé aussi que c'était bien la considération de la brisure de telles symétries qui permettait d'expliquer les séparations entre les diverses interactions physiques (ou, à l'inverse, leur possible unification théorique).

Ainsi, et en généralisant cette approche, a-t-on été conduit à distinguer entre elles deux classes assez différentes de symétries et de principes d'invariance qui leur sont associés : les symétries qui affectent le référentiel d'espace-temps et que l'on peut appeler *externes* en ce que, du moins en première approximation, elles ne semblent pas concerner directement et immédiatement les phénomènes qui sont censés s'y produire et les symétries qui affectent des quantités spécifiques aux phénomènes mis en jeu (changements de la phase de la fonction d'onde, rotations dans des espaces de saveur ou de couleur) et que, pour cette raison, on peut appeler *internes* en ce qu'elles se situent dans des espaces attachés aux systèmes quantiques eux-mêmes. Pour représenter "géométriquement" une telle situation, on recourt aux mathématiques des espaces fibrés : en l'occurrence l'espace-temps constituerait la base et les espaces internes constitueraient la fibre. Les symétries dites externes opéreraient donc exclusivement sur la base, tandis que les symétries internes opéreraient sur les fibres.

On aurait ainsi une séparation assez nette entre deux domaines dans lesquels opéreraient les symétries et les principes de conservation dont nous allons montrer qu'ils peuvent leur être associés : un domaine référentiel d'univers de repérage, qui ne mobiliserait que les dimensions d'espace-temps et ne concernerait que la façon d'y inscrire et d'y décrire les phénomènes, et un domaine en quelque sorte internalisé - en cela plus intrinsèque à la phénoménalité physique telle qu'on se la représente usuellement - et concernant essentiellement les symétries attachées à des nombres quantiques. Séparation consacrée par les difficultés d'unification entre l'interaction gravitationnelle (essentiellement manifestée dans les structures "externes" de l'espace-temps) et les interactions quantiques (électromagnétique, faible, forte) que le modèle standard a su unifier. D'une certaine façon, nous prendrons acte d'une telle séparation - que les physiciens visant l'unification complète considèrent comme toute provisoire - en traitant séparément les symétries associées aux principes de relativité concernant les rapports à l'espace-temps - relativités galiléenne et einsteiniennes) -, abordés au prochain paragraphe (3.2.) et les symétries associées aux théories de jauge dans le domaine quantique (paragraphe 3.3.).

Toutefois, et pour éviter d'entériner purement et simplement une situation épistémologique provisoire, il convient de rappeler ici que nous avons remarqué dans la Variation 1 que les théories de supersymétries (qui, précisément, se présentent comme candidates pour la construction d'une théorie complètement unifiée des interactions physiques) opéraient en fait un couplage physique nouveau entre ces espaces externes et internes - entre bases et fibres - en ce sens que le carré d'une opération dans la fibre (échange fermion$\leftrightarrow$boson) équivalait à une opération dans la base (translation du quanton de départ).

3.2. LES PRINCIPES DE RELATIVITE DANS LES ESPACES "EXTERNES"

3.2.1. La relativité galiléenne, la mécanique hamiltonienne et les lois de conservation classiques

La mécanique classique s'est développée dans le cadre du principe de relativité galiléen qui énonce que les lois de la physique demeurent invariantes dans un changement de référentiel en vitesse rectiligne et uniforme par rapport au référentiel de départ. Bien entendu, ce n'est pas dans ces termes que cela fut d'abord énoncé, mais, rétrospectivement et compte tenu des avancées ultérieures, c'est bien de cette manière que l'on peut l'interpréter. Ainsi, et contrairement à la représentation qu'avaient les aristotéliciens du mouvement, qui pensaient que la vitesse **v** d'un mobile était proportionnelle à la force appliquée **F** (et dans ce cas, un changement du zéro de la vitesse rectiligne uniforme aurait été équivalent à une modification "objective" de cette force), c'est l'accélération du mobile qui se révèle proportionnelle à la force :

$$\mathbf{F} = m\gamma \qquad (3.2.1.1)$$

et de ce fait un changement de repère par vitesse rectiligne uniforme ($\mathbf{r} \rightarrow \mathbf{r}-\mathbf{v}t$) ne modifie pas l'équation du mouvement.

Cette loi très générale engendre immédiatement une loi de conservation. En effet, en multipliant (3.2.1.1) de part et d'autre par **v**, et en admettant que la force **F** dérive d'un potentiel U ($\mathbf{F} = -\nabla U$), on obtient la loi de conservation de l'énergie totale E (somme de l'énergie cinétique et de l'énergie potentielle) :

$$d/dt(m\mathbf{v}^2/2 + U) = dE/dt = 0 \qquad (3.2.1.2)$$

On sait que la mécanique analytique (Goldstein 1950, Leech 1961, Sommerfeld 1964) a pu faire dériver cette loi du mouvement, et la conservation de l'énergie qui lui était associée, d'un formalisme lagrangien, en posant le lagrangien comme différence entre l'énergie cinétique T ($=m\mathbf{v}^2/2$) et l'énergie potentielle U, $L = T - U$, et en montrant que l'équation du mouvement revenait à appliquer le principe de moindre action (en l'occurrence le principe de Hamilton) à l'action lagrangienne $S = \int L dt$, soit $\delta S = 0$, ce qui, par un simple calcul variationnel, conduit aux équations dites d'Euler-Lagrange qui ne sont autres que les équations du mouvement. La généralisation à un grand nombre de degrés de liberté ne pose pas de problème de principe, en prenant les coordonnées généralisées q_j et les vitesses généralisées correspondantes $\dot{q}^j$ ($=dq^j/dt$), L devient une fonction $L(q^j, \dot{q}^j)$ et l'ensemble se repère dans la variété tangente à la variété de départ. En définissant les moments conjugués aux vitesses $p_j = \partial L/\partial \dot{q}^j$, on construit l'hamiltonien $H = p_j \dot{q}^j - L$ qui s'exprime dans les coordonnées (q^j, p_j) et se repère dans la variété cotangente. On a alors $\dot{q}^j = \partial H/\partial p_j$ et $\dot{p}_j = -\partial H/\partial q^j$. Cet hamiltonien s'identifie à l'énergie totale et est un invariant du mouvement. Le rapport entre formulation lagrangienne et formulation hamiltonienne est très étroit et, de fait, elles s'unifient de façon intrinsèque dans le cadre de la géométrie symplectique.

En introduisant les crochets de Poisson (qui ne sont autres que des commutateurs différentiels) :

$$[A,B]_{q,p} = (\partial A/\partial q^j \partial B/\partial p_j - \partial A/\partial p_j \partial B/\partial q^j)$$

on a les relations de commutations (en omettant les indices du commutateur) :

$$[q^j,q^k] = [p_j,p_k] = 0 \qquad [q^j,p_k] = \delta^K_{j,k}$$

où $\delta^K_{j,k}$ est le symbole de Kronecker ($\delta^K_{j,k} = 0$ si $k \neq j$ et $\delta^K_{j,k} = 1$ si $k = j$).

De plus, les constantes du mouvement s'expriment également en termes de commutation avec l'hamiltonien ; en effet, la variation temporelle d'une grandeur dynamique quelconque F dépendant des q et p s'exprime sous la forme :

$$dF/dt = [F,H] + \partial F/\partial t$$

Ainsi, dans le cas où F ne dépend pas explicitement du temps, elle reste constante si son crochet de Poisson avec l'hamiltonien est nul. On sait le rôle essentiel que joueront dans les théories quantiques les généralisations opératorielles des crochets de Poisson que sont les commutateurs (et leurs pendants, les anticommutateurs).

Mais par delà l'élégance et l'unification de la théorisation qu'ils autorisent, il faut rappeler, ce qui est essentiel pour notre propos, que, en fait, les formalismes lagrangiens et hamiltoniens ont été d'abord construits pour obtenir une formulation des équations du mouvement et des quantités pertinentes qui soient indépendantes des systèmes de coordonnées choisis. C'est ce que mettent en évidence les transformations canoniques à quoi on peut les soumettre ainsi que la méthode d'Hamilton-Jacobi qui leur correspond.

Plaçons-nous donc dans l'espace des coordonnées et des moments ({q},{p}) et considérons une transformation qui engendre de nouvelles coordonnées $Q^j \equiv Q^j(\{q\},\{p\})$ et de nouveaux moments $P_j \equiv P_j(\{q\},\{p\})$, tels que la forme des équations dynamiques demeure invariante, c'est-à-dire tels que, si K est le nouvel hamiltonien et M le nouveau lagrangien issus de la transformation, on ait encore :

$$K = P_j \dot{Q}^j - M$$

$$P_j = -\partial K/\partial \dot{Q}^j \qquad \dot{Q}^j = \partial K/\partial P_j$$

et donc avec : $\delta\int Mdt = 0$.

C'est une telle transformation qui est appelée transformation canonique. Les deux lagrangiens, l'originaire L et le transformé M, ne présentent donc pas nécessairement une parenté quelconque puisque si l'on avait $L = p_j \dot{q}^j - H$, on a maintenant $M = P_j \dot{Q}^j - K$. Mais du fait qu'une transformation de jauge du lagrangien (en lui ajoutant dF/dt, F quelconque) laisse sa variation inchangée, on peut écrire en toute généralité et sans disconvenir aux conditions imposées :

$$L - M = dF/dt$$

On montre alors qu'il peut exister plusieurs types de fonctions génératrices fondamentales F ($F_1(\{q\},\{Q\},t)$, $F_2(\{q\},\{P\},t)$, $F_3(\{p\},\{Q\},t)$ et $F_4(\{p\},\{P\},t)$) selon la nature de leur dépendance dans les anciennes et les nouvelles variables, mais l'important pour notre propos actuel est que non seulement la forme des équations dynamiques, mais aussi (ce qui revient au même, mais prend une portée formelle plus importante pour la suite) les crochets de Poisson correspondants demeurent invariants dans une telle transformation canonique, c'est-à-dire que l'on a :

$$[A,B]_{q,p} = [A,B]_{Q,P}$$

Il en résulte que les constantes du mouvement sont également conservées dans une transformation canonique.

Finalement, tout ce dispositif physico-mathématique peut s'interpréter en dernière instance comme l'expression la plus achevée du principe de relativité galiléen. En termes de groupe de symétrie, le groupe de Galilée, groupe d'invariance de la mécanique classique, comprend donc, outre le groupe des déplacements euclidiens dans l'espace euclidien à trois dimensions, E(3), l'invariance sous la translation dans le temps ($t \to t + \tau$) ainsi que l'invariance sous le changement de repère inertiel ($\mathbf{r} \to \mathbf{r} + \mathbf{v}t$, où $\mathbf{v}$ est une vitesse rectiligne et uniforme, ce qui ne fait qu'exprimer le principe d'inertie). A l'ensemble de ce dispositif correspondent alors, en vertu du théorème de Noether, des propriétés de dualité et de conservation très générales dont les résultats que nous venons de présenter constituent la base et un premier échantillonnage.

Notons enfin que dans le cas où l'on a à traiter non plus, comme en mécanique pure, de particules ponctuelles et de leurs trajectoires, mais de champs continus, un formalisme adapté peut être construit, faisant intervenir, à la place du lagrangien proprement dit, une densité de lagrangien, dépendant cette fois des variables de champs et de leurs dérivées. Nous ne nous attarderons pas sur cet aspect dans le présent paragraphe.

Rappelons enfin qu'une brisure de symétrie essentielle, dans cette représentation classique, tient à la remise en cause du caractère conservatif du système et à la prise en compte physique de processus dissipatifs au cours desquels l'énergie totale n'est plus conservée et qui introduisent donc spontanément une flèche du temps, notamment en ce que les équations ne sont plus invariantes dans l'opération de renversement du temps. Cette question a été étudiée dans la Variation précédente, dans le cadre des symétries discrètes et de leurs brisures, et nous n'y reviendrons pas ici.

3.2.2. Les relativités einsteiniennes : de la théorie du champ électromagnétique à la théorie de la gravitation et à la cosmologie

La physique semblait achevée : la mécanique hamiltonienne avait condensé tout ce que l'on savait de la dynamique des forces et la théorie de Maxwell avait synthétisé dans l'électromagnétisme tout ce que l'on savait de celle des champs électrique et magnétique. Il ne restait que quelques détails à ajuster et, comme lord Kelvin le soutenait à ses étudiants, il devenait inutile d'envisager une carrière dans la recherche en physique car presque tout y avait été dit.

Parmi ces derniers détails à régler, il y avait bien cette irritante question de la théorie du corps noir. L'ajustement qu'y apporta Planck ouvrit à toute la théorie des quanta. Il y avait aussi ce fait surprenant que les équations de Maxwell n'étaient pas invariantes sous les opérations du groupe de Galilée - ce qui créait des difficultés pour une description mécanique de l'électromagnétisme - mais l'étaient sous celles du groupe de Lorentz ; et l'expérience de Michelson et Morley confirmait l'invariance de la vitesse de la lumière dans les changements de repère galiléens. L'ajustement qu'apportèrent Einstein et Poincaré à cette difficulté ouvrit la voie aux théories relativistes.

Nous examinerons au paragraphe 3.3.1. ce qu'il en est des invariances de jauge dans les théories quantiques et nous consacrerons ce paragraphe à l'étude des symétries d'espace-temps des théories relativistes ainsi qu'à leurs conséquences cosmologiques.

a) Relativité restreinte. Electromagnétisme et groupes de Lorentz et de Poincaré

Le groupe de Galilée rassemble les déplacements dans l'espace (translations et rotations), les translations dans le temps (déplacement de l'origine) et les changements de repère par vitesse rectiligne uniforme $\mathbf{r} \to \mathbf{r}' = \mathbf{r} - \mathbf{v}t$. Moyennant ces contraintes, les lois physiques dans un repère R' ont une forme identique à celle qu'elles revêtent dans un repère R, dont il se déduit par une des transformations du groupe. Il en résulte un invariant d'espace, l'élément de distance $ds^2 = dx^2 + dy^2 + dz^2$, et un invariant de translation dans le temps dt.

Mais comme nous venons de le signaler, le groupe de Galilée ne laisse pas invariantes les équations de Maxwell de l'électromagnétisme et ne permet pas de rendre compte de l'invariance de la vitesse de la lumière, c. En fait, seul le groupe de Lorentz, qui opère des transformations orthogonales de l'espace-temps à quatre dimensions de Minkowski, remplit ces exigences. Et l'élément métrique qui demeure invariant sous ces transformations est cette fois :

$$ds^2 = c^2dt^2 - dx_j dx^j \ (j = 1,2,3)$$ [8].

Un changement de repère (avec la vitesse v orientée selon la direction x) prend la forme bien connue (avec $\beta = v/c$) :

$$x' = (x - vt)/(1 - \beta^2)^{1/2} \qquad y' = y \qquad z' = z$$
$$t' = (t - vx/c)/(1 - \beta^2)^{1/2}$$

Il en résulte la loi relativiste de composition des vitesses ($u = dx/dt$, $u' = dx'/dt$) :

$$u = (u' + v)/(1 + u'v/c^2)$$

qui garantit la constance de la vitesse limite c.

Les transformations de Lorentz s'interprètent géométriquement comme des rotations d'angle imaginaire $i\varphi$ dans l'espace-temps à quatre dimensions de Minkowski. En effet, si l'on pose :

$$\varphi = \mathrm{Argch}\,1/(1 - \beta^2)^{1/2}$$

[8] En fait, si l'on écrit de façon très générale l'élément de métrique sous sa forme habituelle : $ds^2 = g_{\mu\nu}dx^\mu dx^\nu$, (avec $x^0 = ct$), on aura : $g_{00} = 1$
$g_{11} = g_{22} = g_{33} = -1 \qquad g_{\mu\neq\nu} = 0$.

on a :

$$x' = x\mathrm{ch}\varphi - ct\mathrm{sh}\varphi \qquad\qquad ct' = ct\mathrm{ch}\varphi - x\mathrm{sh}\varphi$$

La matrice de transformation $r^{\mu}{}_{\nu}$ qui fait passer de x^{ν} à x'^{μ} ($x'^{\mu} = r^{\mu}{}_{\nu}x^{\nu}$) s'écrit donc en l'occurrence :

$$r^{\mu}{}_{\nu} = \begin{pmatrix} \mathrm{ch}\varphi & 0 & 0 & -\mathrm{sh}\varphi \\ 0 & 1 & 0 & 0 \\ 0 & 0 & 1 & 0 \\ -\mathrm{sh}\varphi & 0 & 0 & \mathrm{ch}\varphi \end{pmatrix}$$

La dynamique correspondant à ces transformations est plus générale que la dynamique newtonienne classique mais comporte cette dernière comme approximation aux vitesses faibles devant la vitesse de la lumière ($\beta << 1$). Ainsi la masse relativiste est (m_0 étant la masse au repos) :

$$m = m_0/(1 - \beta^2)^{1/2}$$

et l'énergie (hamiltonien) relativiste est telle que :

$$E^2 = p^2c^2 + m_0{}^2c^4 \qquad \text{d'où} \qquad E = m_0c^2/(1- \beta^2)^{1/2}$$

Le lagrangien relativiste libre est alors :

$$L = m_0c(1 - \beta^2)^{1/2}$$

A partir de cette dynamique relativiste se déploie toute une physique relativiste, des milieux continus jusqu'à la thermodynamique[9].

Mais c'est évidemment dans le cadre de l'électromagnétisme que la covariance de la relativité restreinte se manifeste de la façon la plus spectaculaire, puisque le champ électromagnétique se condense dans le tenseur de champ

$$F_{\mu\nu} = \partial_\nu\phi_\mu - \partial_\mu\phi_\nu$$

où ϕ^μ représente le quadripotentiel ($\mathbf{A}$,ϕ). Les équations de Maxwell se réduisent alors à la relation de conservation :

$$\partial_\nu F^{\mu\nu} = J^\mu$$

où J^μ est le courant ($\rho\mathbf{u}/c$,ρ), ρ désignant la densité de charge, et le tenseur moment-énergie prend la forme $T^{\mu\nu}$ = ($\mathbf{E}\times\mathbf{H}$, $(E^2 + H^2)/2$) et satisfait l'équation de conservation :

$$\partial_\nu T^{\mu\nu} = 0$$

Il faut noter, à ce stade, que le groupe de Lorentz usuel ne comporte pas les translations d'espace-temps : c'est le groupe de Lorentz homogène. En revanche, le groupe de Lorentz inhomogène les comporte et c'est le groupe de Poincaré. Cette remarque est importante, car il se révélera, ainsi que l'avait souligné E. Wigner, que c'est le groupe de Poincaré (et non le seul groupe de Lorentz homogène) qui est le groupe adéquat dans les théories de jauge (que nous

[9] Où l'on a, notamment, pour la température $T = T_0(1 - \beta^2)^{1/2}$, pour la quantité de chaleur $Q = Q_0(1 - \beta^2)^{1/2}$ et pour l'entropie $S = S_0$ (cf. par exemple Tolman 1966).

examinerons plus bas) pour les systèmes dotés de masse et spin.

Une deuxième remarque importante tient au fait que le groupe de Lorentz constitue plus qu'un groupe de symétrie adapté aux théories de l'électromagnétisme et de la relativité restreinte. On peut montrer, en effet (Zeeman 1964), que le principe physique de causalité implique le groupe de Lorentz, au sens où le groupe causal[10] des automorphismes n'est autre que le groupe de Poincaré augmenté des dilatations.

En fait, outre ses propriétés intrinsèques, la théorie de la relativité restreinte permet d'unifier la mécanique classique avec l'électromagnétisme au prix d'une modification de la première. Techniquement, cette modification ne devient sensible qu'à des vitesses assez proches de la vitesse de la lumière, mais conceptuellement il s'agit d'une véritable révolution de la représentation, en ce sens que les catégories d'espace et de temps euclidiens ordinaires se révèlent inaptes à en rendre compte : pour repérer et décrire les événements physiques, il faut désormais introduire un espace-temps quadridimensionnel de Minkowski qui, pour la première fois, solidarise d'une certaine façon espace et temps. Ce qui se traduit par la substitution du groupe de Lorentz-Poincaré au groupe de Galilée pour caractériser les symétries et invariances pertinentes.

En même temps est franchie une deuxième étape de la géométrisation de la physique : la première s'inscrivait dans le cadre de la mécanique classique avec l'introduction

---

[10] Considérons la forme quadratique $Q(x) = x_0^2 - (x_1^2 + x_2^2 + x_3^2)$ dans l'espace quadridimensionnel de Minkowski. Considérons l'ordre partiel $x < y$ si $Q(y - x) > 0$ (c'est-à-dire que $y - x$ est un vecteur du genre temps). Si f est une fonction qui applique la variété M sur elle-même et si f et f^{-1} préservent l'ordre partiel sur M, c'est-à-dire $x < y \rightarrow fx < fy \; \forall(x,y) \in M$, alors f est un automorphisme causal.

de la géométrie symplectique ; cette seconde étape fait des invariances dynamiques et électrodynamiques l'équivalent de propriétés de symétries (rotations de Lorentz notamment) d'un espace-temps minkowskien. La troisième étape sera franchie par la relativité générale que nous abordons maintenant.

b) Relativité générale, gravitation et cosmologie

1. La théorie newtonienne de la gravitation est covariante sous les transformations du groupe de Galilée, mais évidemment pas sous celles du groupe de Lorentz ou de Poincaré. La théorie de Maxwell de l'électromagnétisme et la théorie dynamique de la relativité restreinte, pour leur part, sont invariantes sous les opérations du groupe de Lorentz et dans un espace de Minkowski, mais ne restent pas équivalentes vis-à-vis d'autres transformations de coordonnées et de repère. L'hypothèse fondamentale de la relativité générale est, au contraire, celle d'une covariance générale des lois de la physique : celles-ci doivent rester valables quel que soit le repère dans lequel elles sont énoncées (moyennant des hypothèses très générales sur la nature des transformations de coordonnées, à savoir que ce soit de "bons" difféomorphismes). Les groupes de symétrie autorisés deviennent alors considérables.

Ce principe de relativité - de symétrie - exige donc en particulier que les équations qui expriment ces lois physiques restent invariantes dans un champ de gravitation quelconque. Ce champ doit donc exercer une influence sur le continuum et en déterminer la métrique. Il en résulte que la géométrie de ce continuum ne peut plus être euclidienne.

Les groupes de symétrie considérés pour l'espace-temps externe évoluent donc selon les avancées théoriques : la physique classique mobilise le groupe de la géométrie euclidienne complété par une échelle de temps homogène et un principe d'inertie ; la relativité restreinte, avec les transformations de Lorentz, se rapporte fondamentalement au groupe des transformations linéaires orthogonales des quatre coordonnées d'univers. Dans la relativité générale on étend le groupe de symétrie à celui des difféomorphismes de l'espace-temps : ce n'est que dans l'univers pseudo-euclidien tangent aux variétés riemaniennes pertinentes que s'applique le principe de relativité restreinte.

L'invariant fondamental de la théorie sera donc l'élément métrique :

$$ds^2 = g_{\mu\nu}dx^\mu dx^\nu$$

où les $g_{\mu\nu}$, coefficients de la métrique sont interprétés comme les dix potentiels gravifiques (car $g_{\mu\nu} = g_{\mu\nu}$, dans un univers sans torsion).

Le principe physique qui régira les trajectoires sera le principe géodésique : les trajectoires physiques sont des géodésiques de la variété ainsi définie : $\delta\int ds = 0$, qui exprime aussi la stationnarité de l'action lagrangienne. L'équation de ces géodésiques sera alors :

$$d^2x^\mu/ds^2 + \Gamma^\mu{}_{\lambda\nu}(dx^\nu/ds)(dx^\lambda/ds) = 0$$

où les connexions $\Gamma^\mu{}_{\lambda\nu}$ (symboles de Christoffel, qui ne sont pas des tenseurs) sont définis par :

$$\Gamma^\mu{}_{\lambda\nu} = \tfrac{1}{2}g^{\mu\rho}(\partial g_{\rho\lambda}/\partial x^\nu + \partial g_{\rho\nu}/\partial x^\lambda - \partial g_{\lambda\nu}/\partial x^\rho)$$

Ces grandeurs, qui manifestent le caractère non euclidien de la variété, sont introduites à l'occasion de l'étude géométrique du transport parallèle sur la variété ; il est donc naturel de les voir intervenir dans la définition de la dérivée covariante d'un vecteur A, ainsi :

$$D_\mu A^\nu = \partial_\mu A^\nu + \Gamma^\nu{}_{\mu\rho} A^\rho$$

Elles interviennent également dans la définition du tenseur de courbure de la variété. En effet, en définissant le tenseur de Ricci :

$$R^\lambda{}_{\mu\nu\sigma} = \Gamma^k{}_{\mu\rho}\Gamma^\lambda{}_{k\nu} - \Gamma^k{}_{\mu\nu}\Gamma^\lambda{}_{k\sigma} + \partial_\nu\Gamma^\lambda{}_{\mu\nu} - \partial_\sigma\Gamma^\lambda{}_{\mu\nu}$$

on aura, par contraction sur les deux indices λ et σ, le tenseur de courbure :

$$R_{\mu\nu} = \Gamma^k{}_{\mu\lambda}\Gamma^\lambda{}_{k\nu} - \Gamma^k{}_{\mu\nu}\Gamma^\lambda{}_{k\lambda} + \partial_\nu\Gamma^\lambda{}_{\mu\lambda} - \partial_\lambda\Gamma^\lambda{}_{\mu\nu}$$

et finalement la courbure R :

$$R = g^{\mu\nu}R_{\mu\nu}$$

Ceci pour la géométrie de la variété.

Le problème qui se pose alors est celui de la détermination des potentiels gravifiques (des coefficients de la métrique), c'est-à-dire des équations du champ auxquelles ils doivent obéir tout en correspondant aux différents états possibles des distributions de matière et d'énergie. Il faut, pour ce faire, remplir simultanément deux conditions fondamentales : ces équations doivent généraliser les équations classiques de Laplace et de Poisson, qui déterminent localement le potentiel newtonien et, d'autre part, pour les raisons de covariance déjà présentées, elles doivent s'exprimer sous la forme de relations entre tenseurs. En effet, le principe d'équivalence appliqué à la forme covariante que doivent prendre les lois énonce que l'on peut alors effectuer une transformation locale des coordonnées qui fasse disparaître localement les effets du champ de gravitation, ce qui établit un lien intime entre la métrique de la variété et ce champ de gravitation. On doit donc avoir une relation du type :

$$S_{\mu\nu} = -\chi T_{\mu\nu}$$

où $T_{\mu\nu}$ est le tenseur (symétrique) de distribution énergétique et $S_{\mu\nu}$ un tenseur comportant les caractéristiques géométriques de la variété riemanienne d'espace-temps.

Pour des raisons de conservation, on doit avoir $\nabla_\mu T^{\mu\nu} = 0$. Les $S_{\mu\nu}$ doivent donc vérifier aussi une équation du même type : $\nabla_\mu S^{\mu\nu} = 0$.

Finalement, le tenseur le plus général satisfaisant à ces conditions a été déterminé par Einstein. A une constante multiplicative près qui n'a pas d'intérêt, on a :

$$S_{\mu\nu} = R_{\mu\nu} - (1/2)g_{\mu\nu}R + \Lambda g_{\mu\nu}$$

où Λ est une constante (que, pour des raisons qui apparaîtront ultérieurement, on appelle la constante cosmologique).

Si l'on prend la constante Λ égale à 0, les équations du champ seront donc :

$$R_{\mu\nu} - (1/2)g_{\mu\nu}R = -\chi T_{\mu\nu}$$

avec $\chi = 8\pi G/c^4$, G étant la constante newtonienne de la gravitation.

La densité de lagrangien correspondante, c'est-à-dire dont la variation conduit aux équations du champ, s'écrit alors (g est le déterminant des $g_{\mu\nu}$) :

$$L = \sqrt{(-g)}g^{\mu\nu}[\Gamma^\beta{}_{\mu\alpha}\Gamma^\alpha{}_{\nu\beta} - \Gamma^\alpha{}_{\mu\nu}\Gamma^\beta{}_{\alpha\beta}]$$

Avant de passer aux conséquences cosmologiques que l'on peut tirer de la théorie, il faut rappeler que plusieurs tentatives ont été faites, dès la naissance de la théorie de la relativité générale, pour l'unifier avec l'électromagnétisme, c'est-à-dire pour prendre en compte le comportement des particules chargées (Lichnerowicz 1955). Parmi ces tentatives nous signalerons plus spécialement la théorie de Kaluza et Klein qui considère la métrique d'un univers à cinq dimensions (dont l'une dépend de la charge élémentaire). Conformément au principe géodésique général, et comme nous l'avons déjà indiqué dans la Variation 2, les trajectoires des particules chargées sont bien représentées par des géodésiques de cette métrique. Le point de principe intéressant, dont l'idée sera reprise dans les théories les plus modernes sur les cordes et supercordes qui font intervenir des espaces à nombre de dimensions élevé (dix ou vingt-six, par exemple), tient à la compacification de la dimension supplémentaire qui devient inobservable du point de vue des phénomènes que l'on mesure tout en jouant son rôle déterminant.

2. Les équations du champ d'Einstein sont des équations non linéaires. Elles permettent en principe de prévoir tous les phénomènes dont la dominante principale est de type gravitationnel, et de fait, elle a permis d'expliquer plusieurs observations astronomiques qui ne trouvaient pas d'interprétation dans la théorie newtonienne (déviation double de celle qui était attendue des rayons lumineux dans un champ de gravitation, avance du périhélie de Mercure, etc.). Il était donc naturel que la théorie de la relativité générale constituât le modèle de base de toute cosmologie moderne.

Bien entendu nous ne nous intéresserons pas à toute la floraison des modèles cosmologiques qui ont pu être élaborés, proposés et étudiés sur cette base. Nous ne considérerons que les plus fondamentaux et nous ne les aborderons que sous l'angle des symétries et brisures de symétries qu'ils postulent ou impliquent.

Les équations d'Einstein laissent, du fait de la symétrie postulée du tenseur métrique (univers sans torsion), dix composantes g indépendantes et à déterminer. Les propriétés de conservation explicitées plus haut (divergences nulles) réduisent ce nombre à six. Si l'on suppose de plus que la symétrie de l'espace est partout localement sphérique, la métrique se met finalement sous la forme (en coordonnées sphériques usuelles r, θ, φ, et t) :

$$ds^2 = -\exp(\lambda)dr^2 - r^2d\theta^2 - r^2\sin^2\theta d\varphi^2 + \exp(\nu)c^2dt^2$$

où λ et ν ne dépendent que de r et t (la forme exponentielle est donnée à ces facteurs pour garantir leur non-changement de signe et conserver ainsi la signature de la métrique). Si ces quantités ne dépendent que de r, on obtient un modèle statique d'univers et les équations d'Einstein se réduisent à :

$$\exp(-\lambda)(d\lambda/rdr - 1/r^2) + 1/r^2 - \Lambda = (8\pi G/c^4)\rho c^2$$
$$\exp(-\lambda)(d\nu/rdr + 1/r^2) - 1/r^2 + \Lambda = (8\pi G/c^4)p$$

avec :

$$dp/dr + (p + \rho c^2)(1/2)d\nu/dr = 0$$

où p et ρ sont respectivement la pression et la densité du milieu matériel. Ce sont là les équations cosmologiques qui dépendent des conditions matérielles de l'univers.

Si l'on considère un espace-temps statique vide, autour d'une masse M à symétrie sphérique, on obtient la métrique de Schwarzschild (avec $m = GM/c^2$) :

$$ds^2 = -[1/(1 - 2m/r)]dr^2 - r^2d\theta^2 - r^2\sin^2\theta d\varphi^2 + (1 - 2m/r)c^2dt^2$$

On notera que les géodésiques correspondant au plan $\theta = /2$ contiennent en première approximation les équations de Newton pour le mouvement des planètes. De plus, cette métrique tend vers celle de Minkowski quand $r \to \propto$. En outre elle comporte le phénomène du trou noir : en effet, le photon ($ds = 0$) radial ($d\theta = d\varphi = 0$) a la vitesse $\pm dr/dt = c(1 - 2m/r)$. A la surface du trou noir en question ($r = 2m$), cette vitesse est donc nulle et le photon ne peut donc être observé.

Ces modèles statiques sont donc intéressants ; toutefois la loi de Hubble (vitesse de fuite v des galaxies proportionnelles à leurs distances mutuelles d : $v = Hd$, où H est la constante de Hubble) - qui se manifeste notamment dans le décalage spectral vers le rouge - montre que le modèle statique d'univers est insuffisant et que l'univers est évolutif. Le facteur de courbure R de la géométrie de l'espace-temps (le "rayon" de l'univers) serait donc une fonction du temps et la "constante" de Hubble serait elle-même une fonction du temps : $H(t) = \dot{R}(t)/R(t)$.

Il en résulte une autre métrique, celle de Robertson et Walker, qui formera la base du modèle standard :

$$ds^2 = -R^2[dr^2/(1 - kr^2) + r^2(d\theta^2 + \sin^2\theta d\varphi^2)] + c^2dt^2$$

Dans cette expression, k caractérise la géométrie de l'univers. En effet,

- pour $k = 1$, on peut poser $r = \sin\chi$ et l'on a une géométrie elliptique,
- pour $k = 0$, on peut poser $r = \chi$ et l'on a une géométrie parabolique,
- pour $k = -1$, on peut poser $r\ \mathrm{sh}\chi$ et l'on a une géométrie hyperbolique.

Remarquons que le modèle parabolique est, à chaque instant, isométrique à l'espace-temps de Minkowski.

La métrique de Robertson-Walker comporte comme conséquence notamment la loi de Hubble. On définit alors le paramètre de décélération $q = \ddot{R}R/\dot{R}$ (en sorte que l'on a pour la "constante" de Hubble : $dH/dt = -H^2(1 + q)$). Si l'expansion est décélérée, q est positif. Si maintenant

- $q = -1$, $dH/dt = 0$ et H est une vraie constante.

L'expansion est exponentiellement accélérée, puisque alors $R = R_0\exp(Ht)$

- $q > -1$ et $dH/dt < 0$
- $q < -1$ et $dH/dt > 0$

Les équations cosmologiques prennent alors la forme d'intégrale première :

$$d/dR(\rho c^2R^3) + 3pR^2 = 0$$
$$(8\pi G/c^4)p = k/R^2 - \dot{R}^2/(c^2R^2) - 2\ddot{R}/(c^2R) + \Lambda$$
$$(8\pi G/3c^4)\rho c^2 = k/R^2 + \dot{R}^2/(c^2R^2) - \Lambda/3$$

Ce sont les équations de Friedman.

On sait que l'on distingue essentiellement entre deux types de composantes participant du tenseur impulsion-énergie et dont la dominance se succède dans le temps de l'histoire de l'univers : les composantes de rayonnement (indicées r) qui dominent d'abord, puis les composantes matérielles (indicées m) qui prévalent ensuite et jusque dans l'état actuel de l'univers physique. Dans l'hypothèse plausible d'une équation d'état dans laquelle la pression matérielle est nulle, $p_m = 0$, on a donc, pour la densité matérielle de l'univers :

$$\rho_m R^3 = \text{constante}$$

Quant à la composante de densité de rayonnement ρ_r (et du fait que la pression de radiation vaut $p_r = \rho_r c^2/3$), on a :

$$\rho_r R^4 = \text{constante}$$

Maintenant si l'on s'intéresse à l'état fondamental du champ, qu'on désigne comme le "vide quantique" (nous retrouverons et approfondirons ce concept et ses propriétés dans le cadre quantique des théories de jauge, aux paragraphes 3.3.1. et 3.3.2.), son équation d'état, pour les grandeurs moyennes (indicées v : $\overline{p}_v$ et $\overline{\rho}_v$) sera (nous y revenons plus bas) :

$$\overline{p}_v + \overline{\rho}_v c^2 = 0$$

et, compte tenu de l'intégrale première, on aura donc $\overline{\rho}_v c^2 = \text{constante}$.

L'ensemble de ces résultats donne en fait naissance à un grand nombre de modèles distincts selon les hypothèses de base qu'on énonce et les valeurs que l'on attribue à la constante cosmologique. Le modèle standard (de Friedman, Lemaître, Robertson et Walker), celui du "big-bang" 'classique', comporte une constante cosmologique nulle ($\Lambda = 0$). Comme tous les modèles à constante cosmologique nulle, les modèles évolutifs conduisent à l'existence d'une singularité en $t = 0$, $R = 0$, avec une "explosion" ($dR/dt\,|_{t\to 0} \to \infty$) initiale, c'est-à-dire, précisément, à un "big-bang".

3. Reprenons maintenant ces résultats sous l'angle du scénario plausible que propose le modèle cosmologique standard en ce qui concerne l'évolution de notre univers physique, en y incluant les phases "inflationnaires" de brisures de certaines symétries.

L'état le plus proche de l'état initial est censé être un état de superunification où toutes les interactions fondamentales sont unifiées et quantifiées ; il se situerait au-delà d'une énergie correspondant à 10^{19} GeV, ce qui correspond à ce que l'on appelle l'ère de Planck, lorsque la durée de la vie de l'univers est encore inférieure à 10^{-43} s environ. Intervient alors, suite à fluctuation intrinsèque du vide quantique correspondant, une brisure spontanée de cette supersymétrie, brisure qui voit la gravitation se séparer des autres interactions. C'est alors l'ère de la grande unification (entre 10^{15} et 10^{19} GeV) où demeurent unifiées les trois interactions quantiques habituelles (forte, faible et électromagnétique). A 10^{15} GeV (10^{-36} s de l'état initial environ) se produit une nouvelle brisure de symétrie qui sépare cette fois l'interaction forte de l'interaction électrofaible. Entre 10^{15} et 10^{2} GeV, l'interaction électrofaible est encore unifiée, mais à 10^{2} GeV (10^{-10} s environ) se produit l'ultime brisure de symétrie entre interaction faible et interaction électromagnétique[11]. Nous étudierons avec beaucoup plus de détails les mécanismes susceptibles d'être responsables de cette dernière brisure de symétrie (théorie de Weinberg et Salam, mécanisme de

---

[11] A titre informatif, voici les valeurs des différentes constantes de couplage qui interviennent dans les diverses interactions :

- interaction forte : $\alpha_S = g_S/(\hbar c) = 15$ g_S : constante de la force forte ($=47{,}4\times10^{-26}$ Joule/m)
- interaction électromagnétique : $\alpha = e^2/(4\pi\varepsilon_0 \hbar c) = 7{,}310-^3$ ($\approx 1/137$)
- interaction faible : $\alpha_W = g_W m_e^2 c/\hbar^3 = 3{,}05\times10^{-12}$

  g_W : constante de la force faible ($=1{,}43\times10^{-62}$ Joule/m^3)
- interaction gravitationnelle : $\alpha_G = Gm_p^2/(\hbar c) = 5{,}9\times10^{-39}$

  G : constante de la gravitation newtonienne ($= 6{,}67\times10^{-11}$ m^{3}Kg^{-1}s^{-2}).

Higgs et brisure de la symétrie locale de jauge) au paragraphe 3.4.2.

Chacune des brisures de symétrie que nous venons d'évoquer s'accompagne de bouleversements profonds dans la physique de l'univers concerné. En particulier, chacune d'entre elles s'accompagne de phénomènes d'inflation de l'espace, c'est-à-dire d'une expansion spatiale accélérée par rapport aux phases intermédiaires où cette expansion est plus lente et plus régulière. Jusqu'à ce qu'à l'ère dite radiative (marquée par la prédominance du rayonnement) succède l'ère dite matérielle où la densité de matière $_m$ prédomine sur la densité de radiation ρ_r (vers environ 10^4 degré K ou 1eV, ou encore quelques secondes après l'état initial). Il faut alors souligner le fait qu'il convient à ce moment d'articuler deux modèles assez distincts d'expansion régulière (celle qui s'impose entre les brisures brutales de symétrie) : celui de Weinberg, dans les premiers instants, qui ne suppose pas $p = 0$ puisque la pression de radiation reste très forte ; l'expansion se fait alors en $R{\sim}t^{1/2}$, et celui de Friedman, au-delà des premières secondes et pour lequel l'hypothèse $p = 0$ est plausible ; l'expansion se fait alors en $R{\sim}t^{2/3}$.

Revenons un instant à la situation toute proche de l'état initial qui prévaut lorsque c'est l'énergie du vide qui domine sur toute autre (p_m, ρ_m, p_r et ρ_r sont alors négligeables devant p_v et ρ_v). Le tenseur d'impulsion énergie pour le vide (qui n'est autre que l'expression habituelle du tenseur en p et ρ, mais indicé v) s'écrit :

$$T^{\mu\nu}{}_v = (p_v + \rho_v c^2)(dx^\mu/ds)(dx^\nu/ds) - p_v g^{\mu\nu}$$

comme l'invariance de Lorentz du vide impose l'annulation du terme contenant les quadri-vitesses, l'équation d'état du vide s'exprime bien par l'équation déjà donnée plus haut :

$$p_v + \rho_v c^2 = 0$$

L'équation de la cosmologie impose que $\rho_v c^2$ = constante. Le fait que ρ_v soit positif implique donc que $p_v < 0$. C'est à cette pression négative du vide initial qu'est attribuée l'inflation de l'espace. Dans ce cas le tenseur prend la forme réduite :

$$T^{\mu\nu}{}_v = \rho_v c^2 g^{\mu\nu}$$

terme équivalent au terme cosmologique ($-\Lambda g^{\mu\nu}$) du premier membre des équations du champ d'Einstein ; on doit alors avoir $\Lambda = (8\pi G/c^2)\,\rho_v$.

Il en résulte (puisque dans cet état $\rho = \rho_m + \rho_r \approx 0$) que, à partir des équations initiales déjà données plus haut et qui distinguent les divers types de modèles selon la valeur de k :

- pour $k = 0$, on a $R(t) = R_0 \exp(Ht)$ avec $H^2 = \Lambda c^2/3$
- pour $k = 1$, $R(t) = (c/H)\mathrm{ch}Ht$
- pour $k = -1$ $R(t) = (c/H)\mathrm{sh}Ht$

Dans chacun des trois modèles (parabolique, hyperbolique, elliptique), le caractère exponentiel de l'inflation de l'espace (paramètre R) est manifeste.

Quand, suite à cette inflation de l'espace, la densité énergétique du vide s'annule et qu'en conséquence Λ devient nul, les équations cosmologiques où ρ_r et ρ_m deviennent désormais dominants redonnent bien, selon les cas, les solutions de Weinberg ou de Friedman.

Ainsi, il apparaît à cette brève analyse que l'état "initial" de l'univers et de son développement (singularité, big-bang, expansion) ne se présente pas seulement comme devant unifier toutes les interactions physiques connues (gravitation, électromagnétique, faible, forte) : il se trouve en fait unifier aussi tous les styles de physique, à savoir la physique relativiste (relativité générale, gravitation, cosmologie), la physique quantique (genèse et interactions des particules élémentaires) et la physique des phénomènes critiques, puisque c'est une fluctuation quantique intrinsèque qui est censée avoir brisé la symétrie de l'équilibre hautement instable du vide quantique hyperénergétique.

Dans ce paragraphe, nous espérons avoir esquissé un tableau suffisamment complet de la place que tiennent les symétries externes et leurs brisures dans les théories relativistes de la gravitation et en cosmologie et avoir fait sentir comment et en quoi ces symétries jouent un rôle tout à fait déterminant dans la forme des théories comme dans leur contenu.

Nous avons vu, aussi, qu'à proximité de l'état initial, les caractères gravifiques et quantiques sont censés s'unifier, se quantifier et que, de ce fait, les symétries et brisures de symétrie externes que nous avons envisagées tendent à s'articuler intimement avec les symétries de jauge internes des systèmes quantiques. Nous allons donc nous intéresser à ces théories de jauge des interactions quantiques et aux symétries qui les sous-tendent (paragraphe 3.3.). Nous illustrerons leurs brisures spontanées, notamment dans le cas des champs de Goldstone et de Higgs. Et nous consacrerons tout le paragraphe 3.4. aux théories modernes des phénomènes critiques qui accompagnent (ou sont accompagnés par) ces brisures de symétrie. Soulignons auparavant que c'est le théorème de Noether qui établit les résultats fondamentaux permettant de relier de la façon la plus générale des transformations de symétrie à des propriétés d'invariance.

3.3. LES PRINCIPES DE RELATIVITE DANS LES ESPACES INTERNES ET LES THEORIES DE JAUGE

Dans tout ce qui suit, nous ferons une utilisation extensive de la représentation lagrangienne et du théorème de Noether, en les appliquant non pas seulement aux variables d'espace-temps "externes", mais aux variables de champ et aux espaces "internes" (les fibres) correspondants. En effet, les lois de conservation de la mécanique classique et de la théorie de la relativité restreinte ont en quelque sorte "épuisé" toutes les symétries habituelles associées aux espaces de Minkowski : à la conservation de l'énergie a été associée la symétrie de déplacement dans le temps, à la conservation du moment cinétique a été associée la symétrie de translation d'espace, à la conservation du moment angulaire, la symétrie de rotation d'espace et du groupe de Lorentz. Mais aucune conservation que l'on pourrait qualifier d'"intrinsèque" n'a encore été concernée, qu'elle se rapporte à des grandeurs classiques (la charge électrique, par exemple) ou proprement quantiques (les nombres quantiques pertinents, du genre isospin, étrangeté, etc.). C'est ce que nous voulons maintenant examiner avec les théories de jauge.

Nous avons vu qu'une invariance de jauge est une transformation qui, bien qu'elle modifie les variables par rapport auxquelles s'effectue le repérage des phénomènes, laisse inchangée la forme mathématique des équations qui décrivent la dynamique de ces phénomènes. Ces transformations se subdivisent en deux catégories distinctes dont les effets sont physiquement et conceptuellement assez différents : les transformations de jauge *globales* et les transformations de jauge *locales*.

Les premières sont censées être appliquées en tous les points de l'espace-temps et elles conduisent aux principes de *conservation*. Les secondes diffèrent selon les points de l'espace-temps et conduisent dans leur interprétation dynamique à l'introduction de *forces*. C'est le cas, par exemple, pour une translation locale qui équivaut à une accélération et ainsi à une force, correspondant, dans le cadre géométrique de la relativité, à une force de gravitation.

Nous verrons alors dans un instant qu'une invariance sous une transformation globale de la phase de la fonction d'onde d'un quanton électriquement chargé conduit à la conservation de la charge électrique, tandis qu'une invariance sous une transformation locale de cette phase conduit à l'expression des forces issues du champ électromagnétique. Le groupe de transformations mobilisé ici est alors le groupe U(1). De même, l'existence des bosons vecteurs, en théorie quantique des champs, se révèle comme intimement liée à une invariance de jauge locale, qu'il s'agisse du cadre des interactions électro-faibles (photons, W^+, W^-, Z^0) - groupe SU(2)×U(1) - ou des interactions fortes de la chromodynamique quantique (gluons) - groupe SU(3) -.

Notre propos n'est évidemment pas de présenter dans toute leur complexité les théories quantiques des champs (électrodynamique quantique, interaction faible, chromodynamique quantique et les unifications correspondantes). Nous ne nous intéresserons ici, en effet, qu'au rôle qu'y jouent théoriquement et conceptuellement les symétries - et les structures de groupes qui leurs sont associées - à travers les champs de jauge qu'elles engendrent et pour ce faire il n'est pas besoin de recourir au formalisme de la quantification du champ lui-même.

Nous commencerons par présenter de façon progressive et analytique l'introduction des champs de jauge abéliens (groupe O(2) ou U(1) et le champ électromagnétique) et non abéliens (groupe O(3) et SU(2) et le champ isospinoriel) dans le paragraphe 3.3.1. Nous en présenterons ensuite un traitement géométrique plus général qui permettra de dégager les traits les plus pertinents pour le rôle que jouent en général les transformations de symétrie (paragraphe 3.3.2). Nous constaterons alors que les champs de jauge sont des champs de masse nulle. Nous considérerons enfin la survenue des brisures spontanées de symétrie qui peuvent conférer une masse aux quantons de champ *via* le mécanisme de Goldstone ou le champ de Higgs.

Dans toute la suite nous nous sommes fortement inspirés des exposés contenus dans les ouvrages de Ryder (Ryder 1986).

3.3.1. Introduction des invariances de jauge et de leurs effets

a) Invariance de la phase et le groupe U(1) : conservation de la charge électrique et engendrement du champ électro-magnétique

Pour faire apparaître d'autres lois de conservation que celles associées aux espaces externes, le champ scalaire doit avoir plus d'une composante. Considérons donc un champ complexe comportant deux composantes Ψ, que l'on peut aussi mettre sous la forme $\Psi = (\Psi_1 + i\Psi_2)/\sqrt{2}$ et Ψ^* et la densité de lagrangien :

$$L = \partial_\mu \Psi \partial^\mu \Psi^* - m^2 \Psi \Psi^*$$

qui conduit à deux équations de Klein-Gordon ; le symbole désigne l'opérateur D'alembertien :

$$(\; + m^2)\Psi = (\; + m^2)\, \Psi^* = 0$$

Nous remarquons que la densité de lagrangien *L* demeure invariante sous une transformation qui change Ψ en $\exp(-i\Lambda)\Psi$ où Λ est une quantité réelle ; cette transformation ne concerne que des espaces internes. Dans le cas où Λ est une constante (ne dépend pas des coordonnées d'espace-temps), on a là une transformation de jauge globale ou de première espèce. En appliquant le théorème de Noether, il apparaît un courant conservé J^μ (c'est-à-dire tel que $\partial_\mu J^\mu = 0$), défini par :

$$J^\mu = i(\Psi^* \partial^\mu \Psi - \Psi \partial^\mu \Psi^*)$$

et une quantité conservée Q (c'est-à-dire telle que $dQ/dt = 0$) :

$$Q = \int J^0 dV = i\int (\Psi^* \, \partial\Psi/\, \partial t - \Psi \partial \Psi\, {*}/\partial t) dV$$

que l'on peut identifier à la charge. Cette charge apparaît donc bien comme correspondant à la variable interne qu'est la phase. Son invariance résulte de l'inobservabilité d'une origine des phases de la même façon que, par exemple, la conservation de l'énergie résulte de l'inobservabilité de principe d'une origine des temps.

Pour aller plus loin, reformulons en termes différents la transformation opérée et pour cela considérons le vecteur à deux dimensions Ψ qui, repéré par les deux vecteurs de base **i** et **j**, s'écrit $\Psi = \Psi_1\mathbf{i} + \Psi_2\mathbf{j}$. La transformation de jauge s'écrit alors :

$$\Psi'_1 = \Psi_1 \cos\Lambda + \Psi_2 \sin\Lambda$$
$$\Psi'_2 = -\Psi_1 \sin\Lambda + \Psi_2 \cos\Lambda$$

Manifestement la transformation représente une rotation d'un angle Λ en deux dimensions (dans l'espace abstrait - "interne" - sous-tendu par les vecteurs de base **i** et **j**) et constitue donc un élément du groupe O(2). La représentation précédente en exp(iΛ) est, pour sa part, interprétable comme l'action d'une matrice unitaire (car $\exp(i\Lambda)(\exp(i\Lambda^+ = 1)$ à une dimension, élément du groupe U(1).

Maintenant que nous avons vu que Λ était associé à une transformation globale de jauge engendrant une charge, on peut se demander ce qu'il advient d'une transformation locale, c'est-à-dire si Λ dépend des coordonnées externes : $\Lambda \equiv \Lambda(x^\mu)$. Cette question est d'autant plus pertinente que l'application brutale et sans autre précaution du changement de jauge global suppose que l'on peut l'appliquer simultanément en tout point, ce qui contrevient physiquement au principe de relativité restreinte.

Dans ce cas, la covariance de la dérivée $\partial_\mu\Psi$ est brisée par l'introduction d'un terme proportionnel à $\partial_\mu\Lambda$. Nous verrons de façon plus précise dans la section suivante que pour restituer la covariance, il faut alors introduire un potentiel de jauge A_μ qui permet de construire une nouvelle dérivée covariante $D_\mu = \partial_\mu + ieA_\mu$. Il en résulte, pour conserver la forme des équations, l'introduction d'un champ de jauge $F_{\mu\nu}$ tel que :

$$F_{\mu\nu} = \partial_\mu A_\nu - \partial_\nu A_\mu$$

et d'une densité de lagrangien qui prend désormais la forme :

$$L = (\partial_\mu\Psi + ieA_\mu\Psi)(\partial_\mu\Psi^* - ieA_\mu\Psi^*) - m^2\Psi^*\Psi - 1/4F^{\mu\nu}F_{\mu\nu}$$

Cette densité de lagrangien n'est autre que celle du champ électromagnétique, dont le tenseur est $F_{\mu\nu}$ et le potentiel vecteur correspondant A_μ. Ce champ apparaît donc "naturellement" sous la simple exigence de l'invariance de l'action sous le caractère local de la transformation de jauge envisagée. En d'autres termes, et pour résumer le résultat obtenu de façon concise, le champ électromagnétique n'est que le champ de jauge qui doit être introduit pour garantir l'invariance sous les transformations locales de jauge du groupe U(1).

Le courant invariant n'est alors plus J^μ, mais $\mathcal{J}^\mu$ tel que $\partial_\mu \mathcal{J}^\mu = 0$ et il s'écrit :

$$\mathcal{J}^\mu = i(\Psi^* D^\mu \Psi - \Psi D^\mu \Psi^*)$$

Selon ce formalisme, la charge électrique apparaît comme une constante de couplage. En fait, elle joue deux rôles : d'une part elle constitue une quantité conservée (à partir de $\mathcal{J}^0$, cette fois et non plus de J^0) et d'autre part elle joue un rôle dynamique comme mesure de la force d'interaction entre un quanton et le champ électromagnétique. On notera que le champ de jauge est de masse M nulle. Si cela n'avait pas été le cas, il aurait fallu introduire dans la densité de lagrangien un terme supplémentaire qui en tienne compte, à savoir $M^2 A_\mu A^\mu$, ce qui aurait manifestement brisé l'invariance dans la transformation de jauge. Dans la quantification du champ électromagnétique, cela entraîne donc que le photon doit avoir une masse nulle. On notera que cette propriété dérive de l'exigence de l'invariance de jauge, alors que du point de vue relativiste, plus "classique", elle provient du fait que le champ se propage à la vitesse de la lumière c. Nous verrons que la masse de tout champ de jauge doit rester nulle et que la façon dont la masse "advient" aux quantons de champ résulte en fait de brisures spontanées de symétries.

Les groupes O(2) et U(1) sont abéliens. Pour être plus complets dans nos exemples et avant de passer à une formulation plus générale, prenons le cas d'un groupe de jauge non abélien. La généralisation la plus simple est de considérer l'introduction d'une symétrie sous les groupes O(3) ou SU(2).

b) *L'invariance sous SU(2) et la théorie de Yang et Mills*

Considérons donc maintenant un champ doté, dans son espace "interne", de trois composantes Ψ_1, Ψ_2, Ψ_3, les transformations de jauge de première espèce (globales) étant alors équivalentes à des rotations dans cet espace. Il en résultera qu'en lieu et place d'une charge scalaire, comme précédemment, ce sera maintenant un vecteur de type isospin qui se trouvera conservé.

Par souci de simplification, effectuons la rotation en question dans le plan des vecteurs de base notés 1 et 2 ; on aura alors pour un angle infinitésimal Λ :

$$\Delta\Psi = -\Lambda\times\Psi$$

expression qui résume les trois équations :

$$\Psi'_1 = \Psi_1 + \Lambda_3\Psi_2$$
$$\Psi'_2 = -\Lambda_3\Psi_1 + \Psi_2$$
$$\Psi'_3 = \Psi_3$$

Le caractère non abélien de la transformation résulte évidemment de la non-commutativité du produit vectoriel.

Là encore, si la transformation est locale et sans autre modification, la dérivée n'est plus covariante ; on a en effet :

$$\Delta(\partial_\mu \Psi) = -\Lambda \times \partial_\mu \Psi - \partial_\mu \Lambda \times \Psi$$

Pour reconstruire une dérivation covariante D, il faut, là encore, introduire un potentiel de jauge W_μ et une constante de couplage g, ce qui conduit à :

$$D_\mu \Psi = \partial_\mu \Psi + g\mathbf{W}_\mu \times \Psi$$

en sorte que l'on puisse avoir :

$$\Delta(D_\mu \Psi) = -\Lambda \times (D_\mu \Psi)$$

On peut montrer que pour remplir cette condition $\mathbf{W}_\mu$ doit se transformer en sorte que :

$$\Delta \mathbf{W}_\mu = -\Lambda \times \mathbf{W}_\mu + 1/g\partial_\mu \Lambda$$

Le champ de jauge correspondant (de type isospin) est alors le vecteur $\mathbf{W}_{\mu\nu}$ tel que :

$$\mathbf{W}_{\mu\nu} = \partial_\mu \mathbf{W}_\nu - \partial_\nu \mathbf{W}_\mu + g\mathbf{W}_\mu \times \mathbf{W}_\nu$$

auquel correspond alors la nouvelle densité de lagrangien :

$$L = (D_\mu \Psi)(D^\mu \Psi) - m^2 \Psi\Psi - 1/4\mathbf{W}_{\mu\nu}\mathbf{W}^{\mu\nu}$$

qui, en l'absence de matière, donne naissance à l'équation du champ :

$$D^\nu \mathbf{W}_{\mu\nu} = 0 \qquad \text{c'est-à-dire} \qquad \partial^\nu \mathbf{W}_{\mu\nu} = -g\mathbf{W}^\nu \times \mathbf{W}_{\mu\nu}$$

Cette dernière formulation fait apparaître le fait que le champ de jauge $\mathbf{W}_{\mu\nu}$, contrairement au champ électromagnétique qui n'est pas lui-même porteur d'une charge, agit comme une source pour lui-même. Ce fait important est précisément dû au caractère non abélien du groupe O(3) ou SU(2) (on sait qu'il existe une correspondance 2 $\rightarrow$ 1 entre les éléments de O(3) et ceux de SU(2)).

Là encore, dans le cas d'un champ massif, il conviendrait d'ajouter à la densité de lagrangien un terme en $M^2\mathbf{W}_\mu\mathbf{W}^\mu$ et l'équation du champ deviendrait :

$$D^\nu\mathbf{W}_{\mu\nu} = g\mathbf{J}_\mu + M^2\mathbf{W}_\mu$$

où $\mathbf{J} = (D_\mu\Psi)\times\Psi$ est un terme de source de matière. Mais le terme ainsi ajouté n'est pas invariant de jauge, ce qui illustre une fois de plus le fait que l'invariance de jauge exige que le champ de jauge porte une masse nulle (au moins si toutes les symétries sont respectées, nous y reviendrons lorsque nous discuterons des brisures spontanées de symétrie).

Avec ces deux exemples, nous nous sommes familiarisés avec certaines des méthodes utilisées par les théories de jauge et leurs conséquences. Aller plus loin au cas par cas deviendrait beaucoup trop lourd et il vaut mieux considérer une approche géométrique générale et à portée beaucoup plus lointaine, dont ces deux exemples apparaîtront comme des cas particuliers avec l'avantage, néanmoins, que les traits les plus abstraits auront trouvé un répondant plus intuitif grâce à la démarche que nous venons de présenter. Pour le même souci de simplicité relative, nous resterons toujours dans le cas où le champ lui-même est non quantifié.

3.3.2. Traitement général du champ de jauge. Illustrations

Considérons donc une transformation générale en n dimensions telle que (Ψ représente maintenant un n-vecteur) :

$$\Psi'(x) = S(x)\Psi(x) = \exp(iM^r\Lambda_r(x))\Psi(x)$$

où r varie de 1 à 3 et où les M^r sont des matrices n×n représentant les générateurs de la transformation et obéissent aux relations de commutations : $[M_j,M_k] = c_{jkl}M_l$, où les c_{jkl} sont les constantes de structure du groupe de transformations considérées.

La quantité $\partial_\mu\Psi$ ne se transforme pas de façon covariante, puisque :

$$\partial_\mu\Psi' = S\partial_\mu\Psi + (\partial_\mu S)\,\Psi$$

et que $\Psi(x)$ et $\Psi(x+dx) = \Psi(x) + d\Psi$ sont pris en des points différents de l'(iso)espace, et donc relativement à des axes de référence différents. Le problème qui se pose est donc celui du transport parallèle dans cet isoespace, problème que nous avons déjà rencontré lorsque nous avons discuté des symétries et invariances associées au champ de gravitation en relativité générale. Aussi ne nous étonnerons-nous pas de certaines parentés formelles entre le problème actuel du champ de jauge dans l'isoespace et celui du champ de gravitation dans une variété riemanienne. Nous veillerons d'ailleurs à mettre en évidence ces parentés au fur et à mesure qu'elles se présenteront.

Revenons au champ Ψ. Pour construire une dérivée covariante de Ψ, il faut comparer $\Psi(x+dx)$ non pas avec $\Psi(x)$, mais avec la valeur qu'aurait $\Psi(x)$ s'il avait été transporté en x+dx en conservant inchangés les axes de l'isoespace, valeur que nous noterons $\Psi+\delta\Psi$

Posons alors :

$$\delta\Psi = ig^*M^rA_{r\mu}dx^\mu\Psi$$

Ici, g* est un facteur dimensionnel et $A_{r\mu}$ un potentiel qui correspond au fait que les axes de l'isoespace ne sont pas fixés une fois pour toutes mais sont de différentes orientations suivant les points de l'isoespace.

Considérons maintenant la différence $D\Psi$ des deux vecteurs $\Psi + d\Psi$ et $\Psi + \delta\Psi$ pris cette fois au même point x +dx :

$$D\Psi = \Psi + d\Psi - (\Psi + \delta\Psi) =$$
$$d\Psi - \delta\Psi = d\Psi - ig^*M^rA_{r\mu}dx^\mu\Psi$$

ce qui permet d'obtenir une dérivée covariante :

$$D_\mu\Psi = \partial_\mu\Psi - ig^*M^rA_{r\mu}\Psi$$

Ce résultat est très général. Il est aisé de vérifier que dans le cas du groupe U(1), en posant M = –1 et g* = e, nous retrouvons l'expression correspondante pour le champ électromagnétique, à savoir :

$$D_\mu\Psi = \partial_\mu\Psi + ieA_\mu\Psi$$

et que, de même, dans le cas du groupe SU(2), avec g* = g, **A** = **W** et $(M^r)_{jk} = i\varepsilon^r{}_{jk}$ ($\varepsilon^r{}_{jk}$ est le symbole de Levi-Civita), on obtient à nouveau :

$$D_\mu\Psi = \partial_\mu\Psi + g\mathbf{W}_\mu\times\Psi$$

Dans le cas d'un isospineur, et en introduisant les matrices de Pauli σ, déjà considérées dans la Variation 2, et en posant $M^r = \sigma^r/2$, on obtient de la même façon :

$$D_\mu\Psi = \partial_\mu\Psi - i(\sigma/2)\mathbf{A}_\mu\Psi$$

Revenant à la formulation générale, nous voyons apparaître là un premier élément de comparaison avec la relativité générale, puisque nous avons vu que les dérivées covariantes des vecteurs d'une variété riemanienne s'y écrivent :

$$D_\nu V^\mu = \partial_\nu V^\mu + \Gamma^\mu{}_{\lambda\nu}V^\lambda$$

Manifestement les coefficients de connexion $\Gamma^\mu\lambda_\nu$ jouent ici le rôle des potentiels $A_{r\mu}$ introduits plus haut. Nous verrons que ce rapprochement se poursuit dans la suite.

Déterminons maintenant l'équation du potentiel vecteur. Quand Ψ se transforme en $S\Psi$, la dérivée covariante $D_\mu\Psi$ se transforme en $D'_\mu\Psi' = SD_\mu\Psi$, c'est-à-dire, en posant $M^rA_{r\mu} = B_\mu$:

$$(\partial_\mu - ig^*B'_\mu)\Psi' = S(\partial_\mu - ig^*B_\mu)\Psi$$

et comme $\Psi' = S\Psi$, on obtient :

$$B'_\mu = SB_\mu S^{-1} - i/g^*(\partial_\mu S)S^{-1} \qquad (3.3.2.1)$$

qui exprime donc la transformation de jauge du potentiel.

Spécialisons à ce stade cette approche générale pour vérifier que nous retrouvons bien les résultats antérieurs. Pour le groupe U(1), on a $S = \exp(-i\Lambda)$, $g^* = e$, $M = 1$ et $B'_\mu = A_\mu$. L'équation (3.3.2.1.) se ramène donc à l'expression déjà connue :

$$A'_\mu = A_\mu + 1/e\partial_\mu\Lambda$$

Dans le cas de SU(2), on a $S = \exp(i/2\sigma\Lambda)$, d'où l'on tire finalement, toutes identifications faites, à nouveau :

$$\mathbf{W}'_\mu = \mathbf{W}_\mu - \Lambda\times\mathbf{W}_\mu + 1/g\partial_\mu\Lambda$$

Puisque nous disposons désormais d'un formalisme général, nous pouvons étendre notre illustration au groupe SU(3) et à la chromodynamique (toujours dans le cas où le champ lui-même n'est pas considéré comme quantifié). Ce cas correspond à l'interaction forte et l'on sait que les quarks comportent notamment un nombre quantique de couleur (d'où le terme de *chromo*dynamique). Un quark q d'un type donné (u,s,d,c,t,p)[12], déjà caractérisé par sa charge Q, son étrangeté S et son charme C, peut prendre trois valeurs de couleur : W, R et B. Sous le rapport de la couleur q apparaît donc comme un vecteur à trois composantes (q^R, q^W, q^B). Le lagrangien des quarks doit donc rester invariant sous le groupe de transformations $q \rightarrow Uq$ où U est une matrice 3×3. Le groupe de couleur sera donc SU(3) et U est une matrice unitaire ($U^+U = 1$), que l'on choisit de déterminant égal à 1, et qui peut donc être écrite en abrégé sous la forme $U = \exp(iH)$, où H est hermitique ($H^+ = H$) de trace nulle ($TrH = 0$).
La matrice U a donc huit paramètres indépendants notés ε_j ($j = 1,...,8$) et donc huit générateurs $\lambda_j/2$, généralisations tridimensionnelles des matrices de Pauli :

$$U = \exp(i\lambda_j\varepsilon_j/2)$$

[12]Les caractéristiques utilisées correspondent à ***u**p*, ***s**trange*, ***d**own*, (ensemble du groupe de "saveurs"), ***c**harmed*, ***t**op*, ***b**ottom*. Le dernier des quarks dont l'existence était postulée par le modèle standard des particules élémentaires, le quark "top", vient d'être découvert.

La chromodynamique considère la symétrie de couleur comme une symétrie de jauge. Il existe donc huit potentiels de jauge tels que $A^j_\mu\lambda_j/2 = A_\mu$ et les champs de jauge correspondants $G^j_{\mu\nu}$. On aura alors, en désignant par f_{jkl} les constantes de structure de SU(3) :

$$G^j_{\mu\nu} = \partial_\mu A^j_\nu - \partial_\nu A^j_\mu + g f_{jkl} A^k_\mu A^l_\nu$$

Ces champs de jauge de masse nulle sont des champs de gluons.

Revenons au cas général. Il est possible de procéder à une nouvelle étape de la comparaison avec le formalisme de la relativité générale. En effet, l'équation (3.3.2.1) fait apparaître un terme inhomogène dans la transformation de B_μ en B'_μ (c'est le deuxième terme du second membre). C'est également ce qui se produit pour un coefficient de connexion et qui, d'ailleurs, fait que ce coefficient Γ ne se transforme pas comme un tenseur. On a, en effet, par exemple :

$$\Gamma^k_{\lambda\mu} = (\partial x'^k/\partial x^\alpha)(\partial x^\beta/\partial x'^\lambda)(\partial x^\lambda/\partial x'^\mu)\Gamma^\alpha_{\beta\lambda} + (\partial^2 x^\alpha/\partial x'^\lambda \partial x'^\mu)(\partial x'^k/\partial x^\alpha)$$

Considérons maintenant le champ de jauge $G_{\mu\nu}$; il s'écrit finalement sous la forme :

$$G_{\mu\nu} = \partial_\mu B_\nu - \partial_\nu B_\mu - ig^*[B_\mu, B_\nu]$$

L'existence de ce champ de jauge entraîne une propriété importante, à savoir qu'un circuit fermé effectué dans l'isoespace que nous venons de considérer a un effet physique, la différence de la variable de champ Ψ entre son état initial et son état final $\Delta\Psi = \Psi_f - \Psi_i$ se révélant proportionnelle à ce champ de jauge. On a en effet :

$$\Delta\Psi = -ig^{*}\Delta s^{\mu\nu}G_{\mu\nu}\Psi_i$$

où $\Delta s^{\mu\nu}$ représente l'aire délimitée par le chemin fermé effectué. Il en résulte donc une rotation de Ψ dans cet isoespace.

Reprenons nos exemples. Dans le cas du groupe U(1), comme ce groupe est abélien le commutateur $[B_\mu B_\nu]$ est nul. En posant $B_\mu = A_\mu$, on retrouve bien le champ magnétique comme champ de jauge de la transformation :

$$F_{\mu\nu} = \partial_\mu A_\nu - \partial_\nu A_\mu$$

et dans le cas du groupe non abélien SU(2), et compte tenu des relations de commutation des matrices M^r, on aura (avec $G_{\mu\nu} \equiv W_{\mu\nu}$ et $B_\mu \equiv W_\mu$) :

$$\mathbf{W}_{\mu\nu} = \partial_\mu \mathbf{W}_\nu - \partial_\nu \mathbf{W}_\mu + g\mathbf{W}_\mu \times \mathbf{W}_\nu$$

Notons que le champ de jauge général se transforme de façon covariante, en effet, si $\Psi' = S\Psi$ alors $G'_{\mu\nu} = SG_{\mu\nu}S^{-1}$. La comparaison avec le cas de la relativité générale peut donc se poursuivre : au tenseur de champ de jauge $G^\alpha{}_{\mu\nu}$ correspond cette fois le tenseur de courbure de Riemann-Christoffel $R^k{}_{\lambda\mu\nu}$ dont nous rappelons qu'il est défini par l'expression :

$$R^k{}_{\lambda\mu\nu} = \partial_\nu\Gamma^k{}_{\lambda\mu} - \partial_\mu\Gamma^k{}_{\lambda\nu} + \Gamma^\rho{}_{\lambda\mu}\Gamma^k{}_{\rho\nu} - \Gamma^\beta{}_{\lambda\nu}\Gamma^k{}_{\beta\mu}$$

D'ailleurs, pour pousser encore plus loin le parallèle, si l'on considère le circuit fermé d'un vecteur V^μ par transport parallèle, la différence entre composantes finales et initiales s'écrit semblablement :

$$V^\mu{}_f - V^\mu{}_i = \Delta V^\mu = 1/2R^\mu{}_{\alpha\beta\lambda}V^\alpha\Delta s^{\beta\lambda}$$

où $\Delta s^{\beta\lambda}s$ est encore l'aire délimitée par le circuit fermé.

Ainsi, de la même façon que ΔV^{μ} est intrinsèquement non nul du fait de l'existence d'une courbure de l'espace (c'est-à-dire, en l'occurrence, du fait de l'existence d'un champ gravitationnel), le $\Delta\Psi$ correspondant est également intrinsèquement non nul du fait de l'existence du champ de jauge $G_{\mu\nu}$.

Enfin, on obtient une dernière analogie formelle en comparant l'identité de Bianchi en relativité générale :

$$D_{\beta}R^{k}{}_{\lambda\mu\nu} + D_{\mu}R^{k}{}_{\lambda\nu\beta} + D_{\nu}R^{k}{}_{\lambda\beta\mu} = 0$$

à la relation que l'on peut établir pour le champ de jauge, à savoir :

$$D_{\beta}G_{\mu\nu} + D_{\mu}G_{\nu\beta} + D_{\nu}G_{\beta\mu} = 0$$

Ainsi, bien qu'il s'agisse d'espaces internes pour les théories de jauge et d'espaces externes pour la relativité générale, il existe une parenté formelle étroite entre leurs symétries respectives et les conséquences de ces symétries (au moins dans le cas de la non quantification du champ, car, comme on sait, dans le cas des champs quantifiés des différences importantes se font jour qui n'ont encore pu être surmontées dans le cadre d'une unification complète) :

- A la transformation des coordonnées correspond la transformation de jauge,
- Au groupe des difféomorphismes correspond le groupe de jauge
- A la connexion $\Gamma^{\alpha}{}_{\mu\nu}$ correspond le potentiel de jauge B_{μ}
- Au tenseur de courbure $R^{k}{}_{\lambda\mu\nu}$ correspond le champ de jauge $G_{\mu\nu}$
- A l'identité de Bianchi correspond son équivalent pour le champ de jauge.

Nous avons vu comment des contraintes de symétrie pouvaient, en termes d'invariances locales de jauge, engendrer des champs de jauge dont les effets correspondent aux différents types d'interactions connues. Nous avons vu aussi que ces champs de jauge étaient caractérisés par une masse nulle si l'on voulait que la symétrie correspondante soit strictement observée. La question de l'apparition de la masse pour de tels champs reste donc ouverte. Mais différents mécanismes ont pu être envisagés qui permettent de comprendre comment, et sans disconvenir aux contraintes de jauge, ces champs pouvaient acquérir de la masse. Tous ces mécanismes font appel au concept de brisure spontanée de symétrie tel que les transitions de phase, et plus généralement la physique des phénomènes critiques, ont pu l'introduire à partir d'exemples particulièrement illustratifs. C'est à ce thème que sera consacré le prochain paragraphe. Nous nous y concentrerons principalement sur l'étude des brisures de symétrie et de leurs conséquences dans les phénomènes critiques de la physique classique (paragraphe 3.4.1) et ce n'est qu'à la fin (paragraphe 3.4.2.) que nous renouerons avec les théories de jauge pour montrer comment les considérations précédemment développées permettent en effet d'aborder la question de la masse dans ces théories ainsi que celle de l'unification des interactions.

3.4. LES BRISURES SPONTANEES DE SYMETRIE

Après les divers exemples de brisures spontanées de symétries que nous avons eu l'occasion d'étudier dans certains cas particuliers, nous consacrerons ce paragraphe à l'étude spécifique de ces phénomènes qui ont pris une importance et une place de plus en plus grandes dans la physique contemporaine, non seulement parce qu'ils permettent d'interpréter et de traiter nombre de situations complexes (soit par le nombre de degrés de liberté à prendre en considération, soit par les singularités - discontinuités, par exemple - qui s'y manifestent, soit pour des raisons de non-linéarités intrinsèques...), mais aussi par les innovations conceptuelles de portée parfois très générale que leurs traitements ont pu induire (criticité et exposants critiques, géométries inhabituelles des attracteurs - attracteurs étranges à dimensions fractales -, lois d'universalité, etc.).

Nous en traiterons dans le cadre de cette Variation, malgré le fait qu'elle soit déjà très fournie, parce que la plupart des symétries qui s'y trouvent brisées sont des symétries originairement continues (bien que, comme nous l'avons vu antérieurement, les brisures de symétries discrètes en relèvent également).

3.4.1. Transitions de phase et phénomènes critiques de la physique classique

Une brisure de symétrie associée à une transition de phase s'accompagne en général de l'apparition d'un paramètre d'ordre dont la valeur nulle dans l'état de symétrie le plus élevé devient progressivement ou brutalement (selon l'ordre de la transition) non nulle dans l'état de symétrie le moins élevé. Par exemple, dans la transition à la température de Curie, entre l'état paramagnétique (aimantation nulle) et ferromagnétique d'un aimant, le paramètre d'ordre représenté par le moment magnétique total passe progressivement d'une valeur nulle à sa valeur maximale (transition du second ordre). Ou encore, à la transition entre liquide et solide, le paramètre d'ordre, représenté cette fois par la densité moyenne du milieu, change brusquement, de façon discontinue (transition du premier ordre).

L'interprétation puis la théorie de ce genre de phénomènes où intervenaient, par contraste avec la physique plus habituelle, des discontinuités, des divergences, des singularités, se sont faites progressivement : approches thermodynamiques, théories de champ moyen, recours à la physique statistique, jusqu'à l'introduction des techniques de renormalisation mises au point en physique quantique pour surmonter certaines divergences dans les développements en série de perturbations.

Ces théories ont permis de rendre compte de façon satisfaisante de la plupart des phénomènes observés lors d'une transition critique à l'équilibre ou dans une situation très proche de l'équilibre. Notamment elles ont permis d'expliquer bien des valeurs observées des exposants critiques, bien des relations entre ces exposants et, au-delà des détails des systèmes soumis à de telles transitions, de dégager des lois d'universalité, rétablissant à un niveau supérieur d'analyse la portée générale de lois physiques "structurelles" que la singularité des comportements critiques avait pu sembler mettre définitivement en cause. Toutefois, la situation est encore loin d'avoir été complètement éclaircie ; en particulier il semble bien que les situations loin de l'équilibre échappent encore largement aux outils d'analyse mis au point dans le cas de l'équilibre et que, de ce fait, il reste très difficile de dégager des principes à portée suffisamment générale qui expliqueraient les comportements observés (Caroli 1993).

Commençons par un exemple et revenons au cas du flambage d'une barre élastique qui nous a permis d'illustrer le phénomène de brisure spontanée de symétrie dans le cas de la symétrie de réflexion, ou d'une autre symétrie discrète, d'ordre 3 (Variation 2) ; considérons cette fois le cas où la barre en question présente une symétrie continue.

Pour cela prenons une barre de forme cylindrique, dont la section est donc un cercle et présentant un groupe de symétrie O(2), c'est-à-dire invariante par rotation autour de son axe central et par réflexion par rapport à un plan passant par cet axe. Montrons alors que nous nous ramenons aisément au cas examiné dans la Variation 1 pour la plaque élastique plane, qui ne présentait qu'une symétrie par réflexion par rapport à son plan (Chossat 1996).

En effet, l'énergie de cette barre dépend toujours de son degré de déformation (déplacement du centre de gravité), mais elle doit demeurer invariante sous les transformations de symétrie du problème, en l'occurrence sous les opérations de O(2). La direction prise - fortuitement - par la déformation n'est donc pas un élément pertinent dans l'expression de cette énergie puisque les directions sont toutes équivalentes et que des propriétés potentielles de l'une on déduit immédiatement celles de toutes les autres par rotation. On peut donc en choisir une arbitrairement, disons Ox. Dans ce cas, et pour les mêmes raisons que celles que nous avons exposées dans la Variation 1, l'énergie de déformation reprend la forme connue :

$$E(x) = ax^2 + bx^4$$

Toute l'analyse que nous avons développée dans la Variation 1 peut donc être transposée ici, en nous contentant de conserver à l'esprit la propriété d'invariance initiale sous les rotations de O(2).

On notera cependant, dans ce cas, un élément supplémentaire par rapport à la situation précédente : la brisure spontanée de symétrie par flambage ne brise pas toutes les symétries du problème. En effet, si la symétrie par rotation est perdue, il demeure la symétrie par rapport au plan vertical passant par l'axe de la barre et situé dans la direction de déformation, c'est-à-dire une symétrie par réflexion qui caractérise l'isotropie de l'état bifurqué suite à la brisure de symétrie de rotation. Il s'agit là de l'illustration d'un phénomène général : le plus souvent une brisure spontanée de symétrie ne brise qu'une partie des symétries de départ et celles que l'on retrouve après bifurcation peuvent former un sous-groupe important du groupe d'invariance initial. C'est le sous-groupe d'isotropie associé à la bifurcation.

Puisque nous en sommes à considérer la symétrie O(2) et ses brisures, il est intéressant et instructif de considérer le cas où l'on passe du groupe O(2) au groupe SO(2), c'est-à-dire de la symétrie du cercle non orienté à la symétrie du cercle orienté, ce qui revient à considérer le sous-groupe de O(2) qui ne contient pas les réflexions par rapport à un diamètre du cercle. Comme l'a montré (Chossat 1996), la différence entre les deux symétries est bien matérialisée par la situation dynamique d'un manège qui est passé de l'état de repos (groupe O(2)) à un état de rotation uniforme (dans un sens quelconque, mais défini une fois pour toutes) autour de son axe central vertical (groupe SO(2)). La mise en rotation du manège dans un sens donné a donc réduit le groupe d'invariance dynamique, ce qui se manifeste concrètement - à côté de la force centrifuge classique - par l'apparition d'une force s'exerçant désormais sur les objets qui se déplacent sur le manège, la force de Coriolis (dont l'effet se fait aussi sentir tant sur les formations météorologiques d'une terre en rotation autour d'un de ses axes que - en principe, mais pas vraiment en réalité, vu la faible intensité de cet effet par rapport à des perturbations bien plus fortes (Lévy-Leblond 1997) - sur le sens des écoulements de vidange d'un lavabo fixé sur cette même terre).

Pour revenir à l'étude des transitions de phase proprement dites et aux brisures de symétrie qui les accompagnent, nous nous limiterons pour l'essentiel à la prise en considération de situations d'équilibre ou proches de l'équilibre, en n'évoquant que brièvement les recherches les plus récentes relatives aux situations loin de l'équilibre, dont la compréhension est nettement moins avancée.

Nous commencerons par rappeler la théorie de Landau des transitions du second ordre (Landau *et al.* 1970), théorie formellement identique à celle que nous venons de décrire pour le flambage de la barre à symétrie cylindrique mais d'interprétation et d'application bien plus étendues.

Nous aborderons ensuite l'approche en termes de physique statistique de telles transitions, en décrivant au passage les théories de champ moyen qui, bien que seulement approchées dans certaines conditions, se révèlent exactes dans d'autres circonstances.

Et nous terminerons en esquissant les traits principaux des théories recourant à la technique du groupe de renormalisation ainsi que les propriétés les plus importantes qu'on peut leur associer, notamment les lois d'universalité qu'on peut en déduire. En soulignant le fait, épistémologiquement fort important, que ces lois d'universalité rétablissent des propriétés d'invariance et de régularité, là où ne semblaient régner que variabilité et propriétés singulières, mais à un niveau qui dépasse désormais celui des classes de phénomènes étudiés pour se situer à celui des "classes de classes" de phénomènes, c'est-à-dire en quelque sorte des classes de modèles utilisés pour les décrire, puisqu'il s'agit de la pertinence de propriétés aussi générales que celles, par exemple, de la dimension des espaces de plongement de ces modèles ou de la dimension des paramètres d'ordre qui apparaissent dans leurs formalismes.

Reprenons donc le raisonnement phénoménologique de Landau pour décrire les transitions de phase du second ordre. La continuité du changement d'état, dans ce cas, s'exprime mathématiquement par l'existence d'un développement en série de puissances de l'énergie libre F(P,T,s) - P et T désignent respectivement la pression et la température - en fonction d'un petit paramètre (le paramètre d'ordre s), au voisinage du point de transition :

$$F(P,T,s) = F_0 + as + As^2 + Bs^3 + Cs^4 + ...$$

où les différents coefficients sont des fonctions de P et de T. (Landau *et al.* 1970) attirent l'attention sur le fait qu'un tel développement, à un ordre suffisant pour permettre de construire la théorie, demeure problématique du fait qu'au point de transition, l'énergie libre doit présenter une singularité et que les coefficients eux-mêmes peuvent présenter de telles singularités en ce point. Néanmoins il demeure intéressant de voir où mène le raisonnement démarré sur ces bases empirico-intuitives.

Le fait que la transition est considérée à l'équilibre ($\partial F/\partial s\,|_{s=0} = 0$) et que les deux états de part et d'autre de cet équilibre ne diffèrent que par leurs symétries conduit à poser $a = 0$. D'autre part, la stabilité de cet équilibre pour $s = 0$ est gouvernée par le signe de la dérivée seconde par rapport à s et donc par le signe de A : si $A > 0$, l'équilibre en question est stable, si $A < 0$, il devient instable. Le passage d'un état désordonné à un état plus ordonné lors de la transition critique se traduit donc par l'annulation et le changement de signe de A. Si, de plus, on considère que cette transition a lieu à pression constante et pour la température $T = T_c$, on pourra écrire simplement :

$$A = b(T - T_c)$$

où b est une constante positive.

La même exigence de stabilité pour le point de transition entraîne $B(T_c) = 0$ et $C(T_c) > 0$; les conditions d'existence d'une ligne complète de points de transition du second ordre dans le plan (P,T) entraînent que l'on aura plus généralement $B = 0$, $C > 0$. Dès lors, les équilibres possibles sont fournis par l'équation :

$$s(b(T - T_c) + 2Cs^2) = 0$$

Il apparaît donc que $s = 0$ est toujours solution, mais que cette solution, stable pour $T > T_c$ devient instable pour $T < T_c$ et que $s^2 = b(T_c - T)/2C$ n'est solution (stable) que pour $T < T_c$, ce qui correspond bien au comportement phénoménologique du système considéré.

Les grandeurs thermodynamiques correspondant à cette expression de l'énergie libre s'en déduisent aisément. Pour l'entropie S, on aura :

$$S = S_0 - bs^2$$

Dans la phase désordonnée (haute température), on a $s = 0$ à l'équilibre et donc $S = S_0$. Dans la phase ordonnée, on aura :

$$S = S_0 + b^2(T - T_c)/2C$$

expression qui met bien en évidence d'une part la continuité de l'entropie lors de la transition ($T = T_c$) et d'autre part le fait qu'elle diminue en passant de la phase désordonnée (haute température) à la phase ordonnée (basse température). Quant à la chaleur spécifique à pression constante $C_P = T(\partial S/\partial T)_P$, sa discontinuité devient patente puisqu'au-dessus de la transition, on a $C_P = C_{P0}$ et qu'en dessous, on a $C_P = C_{P0} + b^2T/2C$; au point de transition cette discontinuité vaut donc : $b^2T_c/2C$.

Notons enfin que, dans ce modèle, le comportement dans la phase ordonnée du paramètre d'ordre s en fonction de la température au voisinage du point critique fait apparaître un exposant critique égal à ½, car l'on a pour $T < T_c$:

$$s = [b(T_c - T)/2C]^{1/2}$$

Nous verrons que ce résultat correspond en termes de physique statistique à l'approximation du champ moyen de l'approche microscopique, mais qu'une analyse plus fine conduit à des exposants critiques qui peuvent être différents. L'importance de ces exposants critiques tient non seulement au fait qu'ils contribuent fondamentalement à caractériser le comportement du système au voisinage du point critique, mais aussi au fait qu'ils expriment essentiellement la nature de l'invariance par dilatation du système en ce point, invariance due à la divergence de la longueur de corrélation (portée infinie des interactions). Mais venons-en au traitement par le groupe de renormalisation de ces propriétés d'invariance.

Invariance d'échelle et groupe de renormalisation

Dans toute la suite, nous prendrons, comme exemple de référence, celui d'un système magnétique (que nous représenterons le plus souvent par un hamiltonien H, de type Landau-Ginzburg). La température sera notée T, le champ magnétique appliqué **B**, le paramètre d'ordre sera représenté par le moment magnétique **M** et la densité d'énergie libre par F. Le paramètre de changement d'échelle sera m. La dimension de l'espace réel sera d et la dimensionalité du paramètre d'ordre (le nombre de ses composantes) sera n. En outre, et pour n'avoir plus à y revenir, définissons dès maintenant les principaux exposants critiques[13] et leurs relations. Si ΔT représente l'écart $T-T_c$ à la température critique T_c on aura, au voisinage de cette température critique :

chaleur spécifique $C \sim |\Delta T|^{-\alpha}$

paramètre d'ordre $M \sim |\Delta T|^{\beta}$ pour $T < T_c$

susceptibilité $\chi \sim |\Delta T|^{-\gamma}$

longueur de corrélation $\xi \sim |\Delta T|^{-\nu}$

et à la température critique ($T = T_c$) :

relation entre champ et aimantation (isotherme critique)
$B \sim M^{\delta}$

fonction de corrélation dans l'espace réel
$\Gamma(R)|_{R \to \infty} \sim R^{2-d-\eta}$

ou, dans l'espace réciproque (variable q), $\hat{\Gamma}(q) \sim q^{-2+\eta}$

Les lois d'échelle (déterminées à partir d'hypothèses simples d'homogénéité de la densité d'énergie libre, des relations de définition thermodynamique des diverses grandeurs et d'analyses dimensionnelles) qui relient entre eux ces exposants critiques sont les suivantes :

---

[13] Normalement les exposants critiques sont dédoublés selon que l'on se situe au-dessus ou en dessous de la température critique et on les exprime, selon ces cas, par des grandeurs primées ou non primées. Mais malgré quelques résultats récents qui laissent cette question encore ouverte, on considère généralement (et l'on vérifie la plupart du temps) que ces exposants, primés ou non, sont égaux.

(Rushbrooke)	$\alpha + 2\beta + \gamma = 2$
(Widom)	$\gamma = \beta(\delta - 1)$
(Fisher)	$\gamma = (2 - \eta)\nu$
(Josephson)	$d\nu = 2 - \alpha$

En effet, si l'on suppose que la partie singulière de la densité d'énergie libre F_s, au voisinage du point critique, scale de la façon suivante (f est une fonction analytique) :

$F_s \sim |\Delta T|^{(2-\alpha)} f(B/|\Delta T|^{\Delta})$ avec $\Delta = \beta\delta$

il s'ensuit immédiatement que l'on a :

$M = -\partial F/\partial B \sim |\Delta T|^{(2-\alpha-\Delta)} f'$ d'où

$\beta = 2 - \alpha - \Delta$

$\chi = -\partial^2 F/\partial B^2 \sim |\Delta T|^{(2-\alpha-2\Delta)} f''$ d'où

$\gamma = (-2 + \alpha + 2\Delta)$ et $\alpha + 2\beta + \gamma = 2$

$$C \sim -T\partial^2 F/\partial T^2 \sim |\Delta T|^{-\alpha}$$

Après cette présentation sommaire des exposants critiques et de leurs relations les plus importantes, venons-en au (semi)groupe de renormalisation proprement dit et aux principes qu'il met en œuvre. L'idée fondamentale tient au fait que, dans la situation critique, la longueur de corrélation, qui constitue une mesure de la portée des interactions c'est-à-dire en quelque sorte de la globalisation du système, diverge et devient infinie (ce qui, dans une transformation de Fourier, correspondra aux très petits vecteurs d'onde). Dès lors, en principe, une transformation d'échelle des longueurs caractéristiques de ce système (une homothétie) doit en laisser inchangées les propriétés, moyennant un réajustement adéquat des paramètres mesurant ces interactions. La réduction du nombre des degrés de liberté du système correspondant à ces transformations conduit à la construction d'une famille d'hamiltoniens censés tous décrire ces mêmes propriétés. En fait, l'application du semigroupe de renormalisation établit une correspondance entre systèmes caractérisés par des longueurs de corrélation différentes, mais la limite infinie de cette longueur introduit évidemment un point fixe de ces transformations traduisant l'apparition, au point critique, de la symétrie par dilatation, symétrie qui se trouve brisée dès que l'on s'écarte de ce point critique.

En restant dans le cadre de la formulation hamiltonienne la fonction de partition Z du système s'écrit sous la forme d'une intégrale fonctionnelle sur les fluctuations spatiales de la variable de champ $\mathbf{M}(\mathbf{x})$ ($D\mathbf{M}(\mathbf{x})$ est la mesure, $\beta = 1/kT$, et F représente la densité d'énergie libre) :

$$Z = \int D\mathbf{M}(\mathbf{x}) \exp\left(-\beta \int F[\mathbf{M}(\mathbf{x})] d\mathbf{x}\right)$$

Nous prendrons comme densité d'énergie libre l'expression de Ginzburg et Landau (n est le nombre de composantes de la variable de champ **M**, d est la dimension de l'espace, la symétrie $\mathbf{M} \leftrightarrow -\mathbf{M}$ est assurée et on a normalisé l'énergie) :

$$F = F_0 + r_0/2 \sum_{i=1}^{n} M_i^2 + u_0\left(\sum_{i=1}^{n} M_i^2\right)^2 + 1/2 \sum_{i=1}^{n} \sum_{\mu=1}^{d} (\partial M / \partial x_\mu)^2$$

En termes de vecteur d'onde **k** (par transformation de Fourier) et en introduisant un paramètre de coupure (distance minimale Λ correspondant, par exemple, à un paramètre de maille dans un réseau, qui constitue la limite inférieure de possibilité pour des fluctuations), on aura :

$$Z = \int_{|k|<1/\Lambda} \prod d\,\mathbf{M}(\mathbf{k}) \exp(-\beta H)$$

en ayant défini : $H = \int F[\mathbf{M}(\mathbf{k})]d\mathbf{k}$

Dans la formulation de Landau-Ginzburg, on aura donc (en simplifiant les notations) :

$$\beta H = h_0 + 1/2 \int_{|k|<1/\Lambda} (r_0 + k^2)|M(k)|^2 dk + u_0 \int_{|ki|<1/\Lambda} M(k_1)M(k_2)M(k_3)M(k_4)\,\delta(k_1+k_2+k_3+k_4)dk$$

Maintenant, dans l'expression de Z, intégrons sur les **M** de vecteurs d'onde tels que :
$1/\Lambda < k < 1/m\Lambda$ $(m > 1)$ et définissons $\beta H'$, tel que :

$$\exp(-\beta H'(m)) = \int_{1/m\Lambda<|k|<1/\Lambda} \prod d\,\mathbf{M}(\mathbf{k}) \exp(-\beta H)$$

Pour que l'ensemble des hamiltoniens ainsi transformés appartiennent à la même famille que celui correspondant au système initial, on imposera que le coefficient du terme en k^2M^2, ainsi que le paramètre de coupure Λ^{-1} restent inchangés. Il faudra donc, à chaque intégration partielle de ce genre, renormaliser ces paramètres en les ramenant à leurs valeurs intitales, d'où une renormalisation du paramètre d'ordre lui-même. On engendre alors, suivant la valeur de m, une famille de transformations $H'(m) = f_m(H)$ qui expriment les paramètres de H' en fonction de ceux de H. Le produit de telles transformations est bien défini et l'on aura $f_{m1 \cdot m2} = f_{m1} \cdot f_{m2}$ qui traduit la loi du semigroupe (c'est un semigroupe et non un groupe car l'intégration partielle n'a pas d'inverse).

Ce faisant on a effectué trois opérations successives :

i) une intégration partielle sur des fluctuations de la variable de champ,

ii) un réajustement du paramètre de coupure (ce qui revient à une transformation d'échelle des longueurs, qui se trouvent contractées d'un facteur m),

iii) la renormalisation de la variable de champ en vue de retrouver la valeur du coefficient de k^2M^2.

On opère donc les transformations :

$\mathbf{x} \rightarrow \mathbf{x}' = \mathbf{x}/m$ pour les longueurs
$F \rightarrow F' = m^d F$ pour la densité d'énergie libre
$\mathbf{M}(\mathbf{x}) \rightarrow \mathbf{M}'(\mathbf{x}') = m^{d\varphi}\, \mathbf{M}(\mathbf{x})$ pour la variable de champ
($d\varphi$ est la dimension anormale du paramètre d'ordre)

A chacune de ces trois opérations formelles dans l'espace de Fourier correspond un corrélat physique précis : l'intégration partielle revient à réduire le nombre des degrés du système, la contraction d'échelle rétablit la densité spatiale initiale de ces degrés de liberté en revenant à l'échelle du réseau initial et enfin la renormalisation de M dans l'espace des k revient à sa renormalisation dans l'espace réel.

Illustrons ces transformations dans un cas particulièrement simple, celui du modèle gaussien dans lequel $u_0 = 0$. Dans ce cas, en effet, les intégrales sur les $\mathbf{M}(\mathbf{k})$ sont mutuellement indépendantes et la première opération se réduit à :

$$H'(m) = 1/2 \int_{|k|<1/m\Lambda} (r_0 + k^2)|\mathbf{M}(\mathbf{k})|^2 d\mathbf{k}$$

La seconde opération est représentée par un simple changement de variable ($\mathbf{k'} = m\mathbf{k}$), d'où :

$$H'(m) = 1/2 \int_{|k'|<1/m\Lambda} (r_0 + k'^2/m^2)|\mathbf{M(k)}|^2 d\mathbf{k'/m}^d$$

Enfin, la troisième opération (réajustement du coefficient du terme en k^2M^2 revient à poser $M' = \lambda M$ avec (du fait que l'on doit avoir $\lambda^2 m^{(d+2)} = 1$) $\lambda = m^{-(d+2)}$.

Finalement, on peut réécrire, en posant $r'_0 = m^2 r_0$:

$$H' = \mu'_0 + 1/2 \int_{|k'|<1/\Lambda} (r'_0 + k'^2)|\mathbf{M'(k')}|^2 d\mathbf{k'}$$

Il en résulte, pour les quantités transformées :

$\xi' = \xi/m$ $\qquad$ $F' = m^d F$ $\qquad$ $d_\varphi = (d - 2)/2$

comme par ailleurs on a $r'_0 = m^2 r_0$, soit $(\Delta T)' = m^2(\Delta T)$, il s'ensuit que $\xi \sim (\Delta T)^{-1/2}$, d'où la détermination de $\nu = 1/2$.

Bien entendu, le cas non gaussien est beaucoup plus compliqué. Pour l'examiner succinctement, revenons à la densité d'énergie libre F du modèle de Landau-Ginzburg :

$$F = F_0 + r_0/2 \sum_{i=1}^{n} M_i^2 + u_0(\sum_{i=1}^{n} M_i^2)^2 + 1/2 \sum_{i=1}^{n}\sum_{\mu=1}^{d}(\partial M / \partial x_\mu)^2$$

et appliquons la procédure de renormalisation.

Nous venons de voir que le modèle gaussien (cas $u_0 = 0$) est exactement soluble et conduit aux valeurs suivantes des exposants critiques :

$\alpha = (4 - d)/2$ pour $d < 4$ et une variation logarithmique de C ($C \sim \text{Log}\,\Delta T$) pour $d = 4$, ainsi que :

$\eta = 0$, $\gamma = 1$, $\nu = 1/2$. Le point fixe de la transformation d'échelle se situe en $r_0 = 0$. Il est stable pour $d > 4$ et instable pour $d < 4$.

Dans le cas non gaussien ($u_0 \neq 0$), si le facteur d'échelle est mis sous la forme exp(s), et en posant $\varepsilon = 4 - d$, $a = 16(n+2)$, $b = 16(n+8)$, les équations de renormalisation se mettent sous la forme suivante (en ne conservant que les termes dominants) :

$$dr_0/ds = 2r_0 + au_0(1 - r_0)$$
$$du_0/ds = \varepsilon u_0 - bu_0^2$$

Les points fixes de la transformation sont donnés par les conditions $dr_0/ds = du_0/ds = 0$. On retrouve ainsi le point fixe gaussien ($r_{01} = u_{01} = 0$) ainsi qu'un autre point fixe, non trivial, correspondant aux valeurs $r_{02} = -(a/2b)\varepsilon$, $u_{02} = \varepsilon/b$. Pour analyser (et accessoirement visualiser) le comportement des trajectoires aux voisinages de ces points fixes, posons au premier ordre (avec i = 1,2) :

$$r_0 = r_{0i} + \delta r_0$$
$$u_0 = u_{0i} + \delta u_0$$

Les équations se mettent alors sous la forme matricielle (toujours au premier ordre) :

$$\begin{pmatrix} d\delta r_0 / ds \\ d\delta u_0 / ds \end{pmatrix} = D \begin{pmatrix} \delta r_0 \\ \delta u_0 \end{pmatrix}$$

Au point fixe gaussien correspond la matrice $D_G = \begin{pmatrix} 2 & a \\ 0 & \varepsilon \end{pmatrix}$ dont les valeurs propres sont 2 et ε. Tandis qu'au point fixe non trivial correspond la matrice

$$D_{NT} = \begin{pmatrix} 2-(a/b)\varepsilon & a(1+(a/2b)\varepsilon \\ 0 & -\varepsilon \end{pmatrix}$$

dont les valeurs propres sont $2-(a/b)\varepsilon$ et $-\varepsilon$. La première de ces couples de valeurs propres est toujours positive, alors que la seconde dépend du signe de ε (c'est-à-dire de 4-d), ce qui correspond au phénomène d'échange de stabilité entre le point fixe gaussien et le point fixe non trivial selon ce signe. On remarque que si d < 4 (et donc notamment si d = 3, cas de l'espace usuel), le point fixe gaussien est instable alors que le point fixe non trivial est stable. Dans ces conditions les exposants critiques prennent les valeurs suivantes (au premier ordre en ε) :

$$\nu = \tfrac{1}{2} + (\varepsilon/4)(n+2)/(n+8)$$
$$\eta = 0$$
$$\gamma = 1 + (\varepsilon/2)(n+2)/(n+8)$$
$$\alpha = (\varepsilon/2)(4-n))/(n+8)$$
$$\beta = \tfrac{1}{2} - (3/2)\varepsilon/(n+8)$$
$$\delta = 3 + \varepsilon$$

Dans le cas où d = 4 ($\varepsilon = 0$), les équations se mettent sous la forme :

$$dr_0/ds = 2r_0 + au_0(1 - r_0)$$
$$du_0/ds = - bu_0^2$$

Les grandeurs caractéristiques font alors apparaître des variations logarithmiques en fonction de l'écart à la température critique (ou au champ appliqué si l'on se situe à la température critique). On a en particulier :

$$\xi(\Delta T) \sim (\Delta T)^{-1/2}(\mathrm{Log}\,\Delta T)^{(n+2)/2(n+8)}$$
$$\chi(\Delta T) \sim \xi^2 \sim (\Delta T)^{-1}(\mathrm{Log}\,\Delta T)^{(n+2)/n+8)}$$

$$C(\Delta T) \sim (\mathrm{Log}\,\Delta T)^{(4-n)/(n+8)}$$
$$M \sim |\Delta T|^{1/2}(\mathrm{Log}|\Delta T|)^{3/(n+8)} \quad \text{pour } T<T_c$$
$$\text{et, à } T = T_c, \quad M(B) \sim B^{1/3}(\mathrm{Log}B)^{1/3}$$

Nous n'entrerons pas dans plus de détails à propos du traitement des phénomènes critiques par le groupe de renormalisation. Mais, outre les "Commentaires" plus épistémologiques que nous y consacrons dans la deuxième section de cette Variation, nous voulons d'ores et déjà souligner quelques aspects conceptuels importants attachés à ce traitement. D'un point de vue technique, le succès des développements en $\varepsilon = 4 - d$ (ainsi d'ailleurs que ceux en $1/n$) renvoie à un trait essentiel de la problématique de la criticité dans les phénomènes collectifs, à savoir la question du passage du local au global, de l'individuel au collectif : la dimension critique $d = 4$ correspond en effet à la transition entre un environnement local trop pauvre pour que ces effets collectifs se fassent vraiment sentir en un site donné et un environnement suffisamment riche pour que ce site soit influencé par un réel "champ moyen" engendré par le voisinage.

D'autre part, les relations entre exposants critiques et les lois d'universalité qui leur sont associées montrent bien que des invariances nouvelles apparaissent à un niveau supérieur d'abstraction et de généralité. Ces invariances permettent de regrouper dans une même classe des systèmes dont les spécificités phénoménales demeurent très différentes mais dont les comportements critiques se révèlent identiques. Nous allons retrouver ce trait dans l'analyse que nous allons maintenant esquisser de systèmes dynamiques non linéaires qui, dans certaines conditions, peuvent également présenter des comportements critiques et des brisures spontanées de symétrie bien que dans certains cas ils n'aient qu'un nombre très petit de degrés de liberté.

3.4.2. Le cas des champs de jauge : masse des quantons de champs et unification des interactions

Nous avons étudié l'apparition de brisures spontanées de symétries dans des situations critiques rencontrées par des systèmes physiques. Les concepts et méthodes élaborés pour ces études vont jouer un rôle important dans leur application aux champs de jauge pour révéler des mécanismes par lesquels les quantons de champs sont susceptibles d'acquérir une masse (alors que les théories de jauge impliquent directement que cette masse demeure nulle), voire pour permettre l'unification d'interactions dont les natures semblaient devoir demeurer étrangères l'une à l'autre. C'est ce que nous allons considérer maintenant, avec le mécanisme de Goldstone d'abord, pour les symétries de jauge globales, et celui de Higgs ensuite, pour les symétries de jauge locales. Ce paragraphe prend ainsi naturellement la suite du paragraphe 3.3. ; son contenu continuera donc d'être très largement inspiré des ouvrages de Ryder (Ryder 1986) et Le Bellac (Le Bellac 1988).

a) Brisures spontanées des symétries de jauge globales. Mécanisme de Goldstone

Commençons par considérer une théorie de champ scalaire complexe en θ^4. Le lagrangien (dorénavant nous dirons souvent "le lagrangien" au lieu de "la densité de lagrangien" pour alléger le texte et du fait qu'aucune ambiguïté n'est possible) s'écrit :

$$L = (\partial_\mu\phi)(\partial^\mu\phi^*) - m^2\phi\phi^* - \lambda(\phi\phi^*)^2$$

Ce lagrangien est invariant dans une transformation globale de jauge $\phi \to \exp(i\Lambda)\phi$.

Le potentiel V a donc la forme : $m^2\phi\phi^* + (\lambda(\phi\phi^*)^2$; m^2 n'y est plus à prendre comme une masse mais doit désormais être considéré comme un simple paramètre pouvant prendre des valeurs positives ou négatives et où le terme en est un terme de self-interaction. L'état fondamental s'obtient par minimisation de ce potentiel :

$$\partial V/\partial\phi = m^2\phi^* + 2\lambda\phi^*(\phi\phi^*) = 0$$

Si $m^2 > 0$, le minimum n'existe que pour $\phi^* = \phi = 0$. Mais si $m^2 < 0$, il existe un maximum local pour $\phi = 0$ et un minimum pour $|\phi|^2 = -m^2/(2\lambda) = a^2$, soit $|\phi| = a$[14]. Le minimum de V se réalise donc tout le long du cercle $|\phi| = a$ dans le plan des composantes réelles et imaginaires, ϕ_1 et ϕ_2 respectivement, de ϕ (cf. 3.3.2.1.).

Si nous nous plaçons en coordonnées polaires, ce qui sera utile pour la suite, on aura :

$$\phi(x) = \rho(x)\exp(i\theta(x))$$

et si a est réel, on aura donc comme condition de minimum :

$$<0|\rho|0> = a \qquad <=0|\theta|0> = 0$$

Nous voyons que cet exemple présente des traits génériques semblables à ceux du ferromagnétisme que nous avons considéré dans le paragraphe précédent, en ce qu'il existe des vides (des états fondamentaux) dégénérés et reliés entre eux par les opérations de symétrie de la théorie.

---

[14]D'un point de vue quantique, pour le champ, θ est un opérateur et cette condition concerne en fait la valeur moyenne du vide de ϕ, c'est-à-dire $<0|\phi|0^2> = a^2$.

Posons maintenant :

$$\phi(x) = (\rho'(x) + a)\exp(i(\theta x))$$

de sorte que ρ' et θ ont maintenant tous deux des valeurs moyennes de vide nulles.

Le lagrangien se réécrit alors :

$$L = (\partial_\mu \rho')(\partial^\mu \rho') + (\rho' + a)^2(\partial_\mu \theta)(\partial^\mu \theta) - \lambda(\rho'^2 + 2a)^2 + \lambda a^4$$

Comme les termes de masse interviennent comme coefficients du carré du champ correspondant et que nous constatons qu'il existe un terme en ρ'^2 dans le lagrangien, il apparaît que le champ ρ' a une masse telle que $m^2_{\rho'} = 4\lambda a^2$. A l'inverse, il n'y a pas de terme en θ^2, en sorte que θ apparaît comme un champ sans masse. Ainsi, suite à la brisure spontanée de symétrie, ce qui aurait été sans cela la représentation de deux champs massifs (correspondants aux deux parties de ϕ) devient celle d'un champ massif et d'un champ dépourvu de masse.

Le quanton de champ associé à θ est le boson de Goldstone et il nous faut souligner que ce que nous venons de décrire constitue un mécanisme général : la brisure spontanée d'une symétrie continue globale entraîne l'existence d'un quanton dépourvu de masse, la particule de Goldstone[15].

L'exemple que nous venons de considérer est caractérisé par un lagrangien qui présente une symétrie sous les opérations du groupe U(1). Dans le cas du groupe non abélien SO(3), il apparaîtrait qu'après la brisure spontanée de symétrie, il existe deux bosons de Goldstone, de masse

---

[15]Dans le cas que nous venons d'examiner, le boson de Goldstone est de spin nul. Dans le cas de brisures spontanées de supersymétries, il peut y avoir des particules de Goldstone de spin ½.

nulle, et un champ scalaire massif. Le résultat le plus général énonce que pour un groupe G d'invariance du lagrangien *L*, le nombre de champs de masse non nulle est égal à la dimension de l'algèbre de Lie (ou à l'ordre du groupe de Lie) du sous-groupe H qui laisse invariant l'état du vide. Les éléments du groupe qui n'appartiennent pas à H (et qui ne forment donc pas un sous-groupe, puisque l'élément neutre est déjà dans H) forment un ensemble G/H et le nombre de bosons de Goldstone est égal à la dimension de l'espace de cet ensemble, ou encore au nombre de générateurs de G qui ne sont pas des générateurs de H. Le point important, ici, tient à ce que ce résultat ne dépend pas de la représentation de G à laquelle appartient le champ, ni de la forme du potentiel V. Bien entendu, en l'absence de brisure spontanée de symétrie, il n'existe qu'un seul vide (un singulet de G) qui reste donc invariant sous G lui-même et il n'y a pas de bosons de Goldstone. A l'inverse, si le vide est tel qu'il n'y ait pas de sous-groupe H laissant invariant un des états de vide $_0$, alors H se réduit à l'identité, G/H = G et le nombre de bosons de Goldstone est égal à l'ordre de G.

Si l'on se place d'un point de vue purement quantique, le théorème de Goldstone établit que s'il existe un opérateur de champ $\phi(x)$ dont l'état de vide $<0|\theta(x)|0>$ est non nul et qui n'est pas un singulet sous la transformation d'un groupe de symétrie, alors les particules de masse nulle doivent se trouver dans le spectre des états.

b) Brisures spontanées des symétries de jauge locales. Mécanisme de Higgs

Considérons maintenant le cas des champs locaux de jauge et les brisures spontanées de leurs symétries et examinons successivement nos deux exemples habituels, celui où le groupe de jauge est U(1) et celui où il est O(3).

Commençons donc par l'invariance sous $\phi \rightarrow \exp(i\Lambda(x))\phi$. Nous avons vu précédemment qu'il en résulte l'apparition d'un champ électromagnétique et la densité de lagrangien (initialement telle que $L = (\partial_\mu\phi)(\partial_\mu\phi^*) - m^2\phi^*\phi - \lambda(\phi^*\phi)^2$) est remplacée par :

$$L = (\partial_\mu + ieA_\mu)\phi(\partial^\mu - ieA^\mu)\phi^* - m^2\phi^*\phi - \lambda(\phi^*\phi)^2 - 1/4F_{\mu\nu}F^{\mu\nu}$$

Nous considérerons ici (et jusqu'à ce que nous l'indiquions différemment) la constante m^2 non plus comme le carré d'une masse mais comme un simple paramètre de champ pouvant prendre des valeurs positives, négatives ou nulles. Dans le cas, donc, où $m^2 < 0$, et en l'absence de champ de jauge, le vide se situe pour la valeur $|\phi| = a = (-m^2/2\lambda)^{1/2}$ et en posant :

$$\phi(x) = a + (\phi_1(x) + i\phi_2(x))/\sqrt{2}$$

on obtient l'expression de L en termes de ϕ_1 et de ϕ_2 :

$$L = -1/4F_{\mu\nu}F^{\mu\nu} + e^2a^2A_\mu A^\mu + ½(\partial_\mu\phi_1)^2 + ½(\partial_\mu\phi_2)^2 - 2\lambda a^2\phi_1{}^2 + (\sqrt{2})eaA^\mu\partial_\mu\phi_2 +$$
$$+ \text{(termes de degrés 3 et 4).}$$

Le terme le plus intéressant de cette nouvelle expression est le second, proportionnel à $A_\mu{}^2$ et qui, en cela, indique que le photon est devenu massif. De même, le champ scalaire ϕ_1 est massif (terme en $\phi_1{}^2$), alors que le champ θ_2 ne l'est pas (absence de terme en $\phi_2{}^2$). En revanche, il existe un terme de mélange $A^\mu\partial_\mu\phi_2$ semblant indiquer qu'un photon qui se propage pourrait se transformer en un champ ϕ_2, ce qui suggère que ϕ_2 n'est pas un champ physique adéquat. On peut en effet l'éliminer par une nouvelle transformation de jauge, telle que (avec Λ infiniment petit) :

$$\phi'_1 = \phi_1 - \Lambda\phi_2$$
$$\phi'_2 = \phi_2 + \Lambda\phi_1 + \sqrt{2}\Lambda a$$

ce qui montre que ϕ_2 comme A_μ est soumis à une transformation inhomogène correspondant à la composition d'une rotation et d'une translation dans le plan (ϕ_1,ϕ_2), ce qui ne comporte pas d'interprétation physique directe. On peut alors choisir Λ pour annuler ϕ_2 et faire ainsi disparaître le terme de mélange. Dans cette jauge, la densité de lagrangien s'écrit alors :

$$L = -\ 1/4F_{\mu\nu}F^{\mu\nu} + e^2a^2A_\mu A^\mu + \tfrac{1}{2}(\partial_\mu\phi_1)^2 - 2\lambda a^2\phi_1{}^2 +$$
(termes de degrés 3 et 4)

Ce lagrangien ne contient désormais que deux champs : le photon, de spin 1, et ϕ_1, de spin 0, et tous deux sont massifs. Le champ $_2$ qui, dans le cas de brisure spontanée d'une symétrie globale, devenait de masse nulle (boson de Goldstone), a maintenant disparu. En contrepartie le champ de jauge dû à une symétrie locale a maintenant acquis une masse : le "photon" (ou ce qui en tient lieu ici) est devenu massif. C'est ce phénomène - qui consiste, répétons-le, à conférer de la masse au champ de jauge - que l'on appelle le phénomène Higgs.

Ainsi, la brisure spontanée de la symétrie U(1) conduit à deux spectres distincts selon que la symétrie brisée présente un caractère global ou local :

- Dans le cas global on a le mécanisme de Goldstone : deux champs scalaires massifs donnent lieu à un champ scalaire massif et un champ scalaire de masse nulle.

- Dans le cas local on a le mécanisme de Higgs : deux champs scalaires massifs et un photon de masse nulle donnent lieu à un champ scalaire massif et un "photon" massif.

Considérons maintenant le cas d'un groupe de jauge non abélien, O(3). La densité de lagrangien correspondante s'écrira :

$$L = \frac{1}{2}(D_\mu\phi_i)(D^\mu\phi_i) - m^2/2(\phi_i\phi_i) - \lambda\,(\phi_i\phi_i)2 - 1/4F^i{}_{\mu\nu}F^{i\mu\nu}$$

où $\quad D_\mu\phi_i = \partial_\mu\phi_i + g\varepsilon_{ijk}A^j{}_\mu\phi_k$

et $\quad F^i{}_{\mu\nu} = \partial_\mu A^i{}_\nu - \partial_\nu A^i{}_\mu + g\varepsilon^{ijk}A^j{}_\mu A^k{}_\nu$

Là encore, pour $m^2 < 0$, le potentiel a un minimum en

$$|\phi|_0 = (-m^2/4\lambda)^{1/2} = a$$

Choisissons un vide orienté dans la troisième direction $\hat{e}_3$ de l'isoespace : $\vec{\phi}_0 = a\hat{e}_3$. Les champs physiques sont alors ϕ_1, ϕ_2 et $\chi = \phi_3 - a$, d'où l'expression de la densité de lagrangien :

$$L = \frac{1}{2}[(\partial_\mu\phi_1)^2 + (\partial_\mu\phi_2)^2 + (\partial_\mu\chi)^2] + ag[(\partial_\mu\phi_1)A^\mu{}_2 - (\partial_\mu\phi_2)A^\mu{}_1] + a^2g^2/2+[(A^1{}_\mu)^2 + (A^2{}_\mu)^2] -$$
$$- \frac{1}{4}(\partial_\mu A^i{}_\nu - \partial_\nu A^i{}_\mu)^2 - 4a^2\lambda\chi^2 + \text{(termes de degrés 3 et 4)}$$

Là encore apparaît un terme de mélange entre A^μ et ϕ. Pour obtenir un lagrangien plus physique, on choisira une jauge unitaire qui fasse en sorte qu'en tout point de l'espace-temps, $\vec{\phi}$ soit orienté selon l'axe 3 de l'isoespace : $\vec{\phi}(x) = \hat{e}_3\phi_3 = \hat{e}_3(a + \chi)$. D'où il résulte l'élimination des champs ϕ_1 et ϕ_2, selon :

$$D_\mu\phi_1 = g(a + \chi)A^2{}_\mu$$
$$D_\mu\phi_2 = -g(a + \chi)A^1{}_\mu$$
$$D_\mu\phi_3 = \partial_\mu\chi$$

en sorte que : $(D_\mu\phi_i)^2 = a^2g^2[(A^1{}_\mu)^2 + (A^2{}_\mu)^2] + (\partial_\mu\chi)^2$
et que le lagrangien prend la forme :

$$L = -\,{}^1\!/\!_4(\partial_\mu A^i{}_\nu - \partial_\nu A^i{}_\mu)^2 - 1/2a^2g^2[(A^1{}_\mu)^2 + (A^2{}_\mu)^2]$$
$$+ 1/2(\partial_\mu\chi)^2 - 4a^2\lambda\chi^2 +$$
$$+ \text{(termes de degrés 3 et 4)}$$

Il reste donc finalement un scalaire massif, deux vecteurs massifs et un vecteur sans masse. Les deux bosons de Goldstone qui existaient dans la brisure de symétrie globale ont disparu et deux des champs de jauge sans masse sont devenus massifs.

Ainsi, dans la brisure de symétrie de O(3), dans le cas global, le mécanisme de Goldstone transforme trois champs scalaires massifs en un champ scalaire massif associé à deux champs scalaires de masse nulle, tandis que, dans le cas d'une symétrie locale, le mécanisme de Higgs transforme trois champs scalaires massifs et trois champs vectoriels sans masse en un champ scalaire massif, deux champs vectoriels massifs et un champ vectoriel sans masse.

Plus généralement, et par comparaison avec ce qui se passe dans le mécanisme de Goldstone pour les symétries globales de jauge, on montre que, pour le mécanisme de Higgs dans le cas de la brisure de jauge locale, le nombre de champs vectoriels sans masse est égal à DimH et le nombre de champs vectoriels massifs est égal à Dim(G/H). Ainsi apparaît-il clairement que, comme dans bien d'autres phénomènes que nous avons abordés, l'émergence de ce mécanisme de brisure spontanée de symétrie est très largement déterminée par les résultats qu'apporte la théorie des groupes.

c) L'unification électro-faible. La théorie de Salam et Weinberg

La brisure spontanée des symétries de jauge concernées constitue un des éléments principaux du modèle de Salam et Weinberg d'unification entre interaction électromagnétique et interaction faible (unification électro-faible).

L'idée fondamentale du modèle consista en ce que l'interaction faible pouvait être transportée par des bosons de jauge ($W^{\pm}$) qui, au départ, auraient été sans masse, le lagrangien de la théorie contenant aussi des termes dépourvus de masse pour les électrons, les muons et les neutrinos, et demeurant invariant sous un groupe de symétrie de jauge interne. L'introduction d'un champ scalaire (le champ de Higgs) dont l'état de vide n'est pas nul entraînerait alors une brisure spontanée de symétrie qui conférerait de la masse aux champs de e, μ, τ ainsi qu'aux bosons de jauge, mais non au photon et au neutrino, ce qui conduit à une bonne description de la réalité expérimentale.

Considérons donc d'abord des champs spinoriels de masse nulle. La densité de lagrangien correspondante s'écrit :

$$L = i\overline{\psi}\,\gamma\partial\Psi \qquad (\equiv i\overline{\psi}\,\gamma^{\mu}\partial_{\mu}\Psi)$$

rappelons que $\overline{\psi}$, le spineur adjoint de Dirac, est une abréviation pour $\Psi^{+}\gamma^{0}$ (cf. matrices γ de Dirac).

En posant (les indices R et L renvoient aux hélicités droite et gauche, respectivement) :

$$\Psi_L = (1-\gamma_5)/2\Psi \qquad \text{et} \qquad \Psi_R = (1+\gamma_5)/2\Psi$$

on a, puisque γ_5 anticommute avec les γ_μ :

$$L = i\,\overline{\psi}_R\gamma\partial\Psi_R + i\,\overline{\psi}_L\gamma\partial\Psi_L$$

L'électron et le muon ont des composantes L et R, mais on sait que les neutrinos correspondants, ν_e et ν_μ, n'ont que des composantes L.

La densité de lagrangien des leptons (avec leurs trois familles : électrons, muons, tauons et les neutrinos correspondants) est donc (avec des notations transparentes qu'il n'est pas nécessaire d'expliciter plus avant) :

$$L = i\,\overline{e}_R\gamma\partial e_R + i\,\overline{e}_L\gamma\partial e_L + i\,\overline{\nu}_e\gamma\nu_e + (\text{"id"}, e \rightarrow \mu) + (\text{"id"}, e \rightarrow \tau)$$

Du fait que les termes en μ et τ sont simplement additifs et qu'on peut donc les réintroduire à toute étape du calcul par un simple changement de notation, on se contentera, par souci de simplicité et pour éviter des lourdeurs excessives, de garder les termes électroniques, en e.

Maintenant si nous considérons les transformations applicables à ce lagrangien, nous ne pouvons retenir que celles susceptibles de mélanger des quantons qui ont les mêmes propriétés d'espace-temps. C'est le cas de e_L et νe, d'une part, e_R restant isolé, d'autre part. On aura donc à distinguer entre l'isospineur L = $\begin{pmatrix} \nu_e \\ e_L \end{pmatrix}$ et R = e_R ce qui conduit à l'expression :

$$L = i\,\overline{R}\,\gamma\partial R + i\,\overline{L}\,\gamma\partial L$$

L est invariant d'une part sous les rotations dans l'espace d'isospin faible, qui engendrent le groupe SU(2) :

$L \to \exp(-i/2\sigma.\alpha)L$ et d'autre part, pour e_R, sous U(1) : $R \to \exp(i\beta)R$. Il est donc invariant sous SU(2)⊗U(1), en sorte que l'on a :

sous SU(2) :

$$\begin{pmatrix} \nu_e \\ e_L \\ e_R \end{pmatrix} \to \begin{pmatrix} \exp(-i/2\sigma\cdot\alpha) & \vdots & 0 \\ \cdots\cdots\cdots & \vdots & \cdots\cdots \\ 0 & \vdots & 1 \end{pmatrix} \begin{pmatrix} \nu_e \\ e_L \\ e_R \end{pmatrix}$$

et sous U(1) :

$$\begin{pmatrix} \nu_e \\ e_L \\ e_R \end{pmatrix} \to \begin{pmatrix} \exp(i\beta/2) & 0 & 0 \\ 0 & \exp(i\beta/2) & 0 \\ 0 & 0 & \exp(i\beta) \end{pmatrix} \begin{pmatrix} \nu_e \\ e_L \\ e_R \end{pmatrix}$$

Le facteur ½ devant β, dans les deux premiers éléments diagonaux de la dernière matrice de transformation, provient de considérations relatives à l'hypercharge faible Y_W, considérations qui permettent de fixer ce coefficient.

Prenons maintenant en compte tout ce qui a été exposé au paragraphe 3.3.1. relativement aux champs de jauge associés au groupe d'invariance SU(2) (avec constante de couplage g et potentiel de jauge $\mathbf{W}_\mu$) et au groupe U(1) (constante de couplage g', champ de jauge X_μ). Nous obtenons alors le lagrangien de jauge :

$$L_1 = i\,\overline{R}\,\gamma^\mu(\partial_\mu + ig'X_\mu)R + i\,\overline{L}\,\gamma^\mu(\partial_\mu + 1/2g'X_\mu - 1/2g\tau\cdot\mathbf{W}_\mu)L$$
$$-1/4(\partial_\mu\mathbf{W}_\nu - \partial_\nu\mathbf{W}_\mu + g\mathbf{W}_\mu\times\mathbf{W}_\nu)^2 -$$
$$- \tfrac{1}{4}(\partial_\mu X_\nu - \partial_\nu X_\mu)^2$$

Introduisons maintenant, comme précédemment, le champ scalaire de Higgs :

$$\phi = \begin{pmatrix} \phi^A \\ \phi^0 \end{pmatrix} \text{ avec : } \phi^0 = 1/\sqrt{2}(\phi_1 + \phi i_2) \text{ et : } \phi^A = 1/\sqrt{2}(\phi_3 + i\phi_4)$$

la dérivée covariante de ϕ s'écrit :

$$D_\mu\phi = (\partial_\mu - i/2g\tau \cdot \mathbf{W}_\mu - i/2g'X_\mu)\phi$$

Appelons G_0 la constante d'interaction du champ de Higgs avec e et ν_e. La partie du lagrangien relative à ϕ s'écrira donc :

$$L_2 = (D_\mu\phi)^+(D_\mu\phi) - m^2/2\phi^+\phi - \lambda/4(\phi^+\phi)^2 - G_0(\overline{L}\,\phi R + \overline{R}\,\phi^+ L)$$

De nouveau, si $m^2 > 0$, ce dernier lagrangien décrit un champ scalaire de masse m et d'état d'énergie minimale à $\phi = 0$. Mais à l'inverse, si $m^2 < 0$, l'état d'énergie minimale ne se situe plus à $\phi = 0$, mais à $(\phi^+\phi)_0 = -m^2/\lambda$.

Le calcul montre alors que, définissant η en sorte que $(\phi)_0 = \begin{pmatrix} 0 \\ \eta \end{pmatrix}$ et Z_μ tel que :

$Z_\mu = \cos\theta_W W^3{}_\mu - \sin\theta_W X_\mu$, où l'angle de Weinberg θ_W est lui-même défini par $tg\theta_W = g'/g$, alors $W^1{}_\mu$, $W^2{}_\mu$ et Z_μ récupèrent respectivement les masses telles que :

$$M^2_{W1} = M^2_{W2} = g^2\eta^2/2 \quad M^2_Z = g^2\eta^2/(2\cos^2\theta_W) = M^2_W/\cos^2\theta_W$$

tandis que A_μ est sans masse. Le champ A_μ sera donc identifié avec le champ électromagnétique. Il en résulte alors la détermination de la constante de couplage g selon l'expression $g\sin\theta_W = e$.

L'expérience a permis de déterminer la valeur $\sin^2\theta_W \approx 0.225$, ce qui conduit aux valeurs de masses : $M_W = 78.6$

GeV/c^2 et M_Z = 89.3 Gev/c^2. Par ailleurs, l'expérience a également mis en évidence l'existence de bosons vectoriels chargé et neutre avec les masses prévues par la théorie ; elle a aussi mis en évidence l'existence des courants neutres que cette théorie permet également de prédire, ce qui en consacre évidemment le succès.

Soulignons enfin, avant d'y revenir dans le commentaire approprié (3.C.3.), ce qu'ont d'extraordinaire le résultat obtenu et la méthode pour y parvenir : l'unification d'intensités et de caractéristiques (notamment quant à leurs portées) extrêmement différentes se trouve assurée par la conjonction entre des exigences fondamentales de symétrie (invariances locales de jauge) et des phénomènes résultant de brisures spontanées de ces symétries, dues à l'existence d'un champ de Higgs. Il s'agit là de propriétés extrêmement abstraites qui en viennent à jouer un rôle *normatif* pour les phénomènes eux-mêmes.

Inutile de préciser que la recherche et les tentatives de mise en évidence du boson de Higgs constituent à ce jour un enjeu expérimental de première importance en physique des particules élémentaires.

3.4.3. Brisure de symétrie de la topologie du vide quantique. Effet Bohm-Aharonov

Les brisures de symétrie pouvant intervenir dans les systèmes quantiques peuvent ne pas toucher seulement les propriétés des espaces externes (bases des fibrés) ou des espaces internes (fibres elles-mêmes) ; elles sont également susceptibles de concerner des symétries topologiques relatives aux états de ces systèmes. C'est ce qu'illustre spectaculairement l'effet Bohm-Aharonov qui manifeste physiquement une propriété de la modification topologique du vide quantique et que nous allons maintenant considérer brièvement.

De quoi s'agit-il exactement derrière cet énoncé qui peut paraître surprenant ? Situons d'abord le problème : en physique classique on considère, d'une part, que l'absence de champ en un point entraîne l'absence d'effet sur un corps d'épreuve placé en ce point et, d'autre part, qu'un potentiel vecteur n'a, en tant que tel, aucune réalité physique et, par conséquent, pas d'effet direct (les seules réalités physiques causales étant les champs). C'est ce point de vue que l'effet Bohm-Aharonov, conséquence directe de l'invariance de jauge de l'électromagnétisme, remet en question tout en ouvrant de nouvelles perspectives quant à l'existence d'effets topologiques en physique quantique.

Cet effet se manifeste dans le cadre d'une modification du dispositif habituel des deux fentes de Young qui permettent de mettre en évidence le caractère ondulatoire des objets quantiques et il agit sur la figure d'interférences qu'engendre ce dispositif.

La situation expérimentale de principe est la suivante : derrière l'écran contenant les deux fentes, et à égale distance d'elles, on place, perpendiculairement au plan de la feuille, un solénoïde très mince, de rayon R. A l'intérieur de ce solénoïde il existe des lignes d'induction du champ **B**, mais à l'extérieur n'existe aucun champ. Quant au potentiel vecteur, exprimé en coordonnées cylindriques (r, z, φ), ses composantes A_r et A_z sont partout nulles, tandis que sa composante A_φ vaut $B_r/2$ à l'intérieur du solénoïde et $BR^2/(2r)$ à l'extérieur.

Du fait que $\mathbf{B} = \nabla\times\mathbf{A}$, on a donc bien $\mathbf{B} = 0$ à l'extérieur et $B_r = B_\varphi = 0$, $B_z = B$, à l'intérieur.

Considérons maintenant la fonction d'onde d'un électron dans l'espace libre :

$$\Psi = |\Psi| \exp(i\mathbf{p}\cdot\mathbf{r}/\hbar)$$

Nous avons vu que l'effet d'un champ électromagnétique revient à modifier le moment **p** en **p**–e**A**. La phase de la fonction d'onde se modifie donc de $\alpha = \mathbf{p}\cdot\mathbf{r}/\hbar$ en $\alpha - e\mathbf{A}\cdot\mathbf{r}/\hbar$ et sur le parcours total de l'électron, le changement de phase vaut :

$$\Delta\alpha = -e\ \hbar \int \mathbf{A}\ d\mathbf{r}$$

Considérons maintenant deux trajets, notés 1 et 2, passant de part et d'autre du solénoïde. La différence de phases entre ces deux trajets sera donc :

$$\Delta\varphi = e/\hbar \oint_{2-1} \mathbf{A}\cdot d\mathbf{r} = e/\hbar \int_{2-1} \mathbf{rotA}\cdot d\mathbf{S} = e/\hbar \int \mathbf{B}\cdot d\mathbf{S}$$
$$= e/\hbar\,\Phi$$

où Φ représente le flux à travers le solénoïde. Il en résulte que la figure d'interférence initiale se déplace sur l'écran où on la matérialise d'une distance : $\Delta x = L\lambda e_{\Phi}/(hd)$, L étant la distance entre cet écran et celui des deux fentes, d la distance qui sépare les fentes et la longueur d'onde du quanton.

Ainsi, bien qu'à aucun moment les électrons ne "voient" de champ, leur figure d'interférence se trouve modifiée par l'existence d'un potentiel, comme si le vide de champ s'était trouvé "troué" par le solénoïde et que la topologie de non-connexité qui en résulte était ressentie par ces électrons du fait de la non-localité de la grandeur $\oint \mathbf{A}\cdot d\mathbf{r}$.

Puisque nous avons évoqué des propriétés topologiques et leurs effets, nous en profiterons pour signaler ici que la non-linéarité des théories de jauge non abéliennes engendre la possibilité d'obtenir des solutions de type solitons aux équations du champ de jauge. Ces solutions ont des rapports avec certains objets topologiques qui apparaissent en théorie quantique des champs, comme le monopole de Dirac, par exemple.

3.5. COMMENTAIRES DE LA VARIATION 3

3.5.C.1. Sur l'émergence des invariants en physique. De la conservation "substantielle" à l'invariance formelle

Le contenu théorique de cette Variation ouvre à l'importante question des rapports entre symétries et invariances et du rôle conceptuel que jouent ces invariances dans la catégorisation rationnelle du réel. Quoique nous revenions partiellement sur ces points dans la Variation 6, sous un angle plus cognitif et gnoséologique que théorique d'ailleurs, il nous paraît important de les approfondir dès maintenant en nous servant des bases que nous fournissent les résultats que nous venons d'exposer.

a) Quelques considérations historiques et culturelles

La question de la distinction et des rapports entre la variabilité empirique des phénomènes et l'invariance de certaines de leurs propriétés (ou des "archétypes" selon lesquels ils se produisent) a profondément travaillé les cultures et les civilisations à tel point que certaines d'entre elles ont organisé leurs significations constitutives autour de ce contraste, comme c'est le cas de la pensée extrême-orientale, en Chine en particulier, qui en vient à associer fondamentalement réel et permanence, illusoire et changement (Granet 1968, Needham 1973). En Occident, le surgissement de l'histoire comme discipline, avec Hérodote, en même temps que celui de la philosophie et des mathématiques, a rompu avec une telle radicalité. Néanmoins, qu'il s'agisse des formes platoniciennes comme modèles invariants ou du contraste aristotélicien entre le sub-lunaire (corruptible et changeant) et la permanence céleste, ce rapport variabilité/invariance demeure richement thématisé dans toute la culture occidentale et joue un rôle organisateur dans l'explication et la compréhension du sujet au monde, c'est-à-dire dans ce qui fait finalement la condition de possibilité conceptuelle de la science : la distinction sujet/objet et les rapports de connaissance entretenus par le premier relativement au second. En fait, on peut aller jusqu'à se demander si ce contraste (invariance/changement) et le rapport entre les termes qu'il dégage ne constituent pas un invariant cognitif de la catégorisation humaine qui a besoin tout à la fois de conserver des éléments de stabilité plus ou moins référentiels tout en ayant à traiter (pratiquement ou conceptuellement) des modifications empiriques qui lui apparaissent ou auxquelles il se sent soumis. Il n'est jusqu'à la théologie médiévale qui, à travers la coupure spirituel/temporel, ou encore éternel/périssable, ne reprenne de fait ces catégories (le temps étant précisément, selon la pensée aristotélicienne si présente dans la scolastique de l'époque, "le nombre du changement" et l'enjeu étant l'éternité).

La naissance de la science moderne, tout en se dégageant peu à peu, après l'extraordinaire coup de force galiléen, du mode conceptualo-discursif de théorisation au profit d'une objectivation mathématique des phénomènes, ne rejeta pas ce souci récurrent, mais elle en modifia profondément la problématique. Il ne s'agissait plus d'opposer des essences éternelles quelque peu supranaturelles à des existences naturelles mouvantes, changeantes et limitées : il s'agissait désormais de dégager, dans les phénomènes eux-mêmes, ce qui, à travers les modifications observées, pouvait néanmoins se trouver conservé : des quantités d'abord, mais rapidement, aussi, des structures, que seule la mathématisation allait se montrer capable de révéler et de traiter. Avec cette audace de pouvoir dégager les considérations théoriques de certaines des conditions de l'expérience elle-même, jugées non pertinentes, pour en idéaliser le cours à partir de principes physiques explicites (par exemple en cherchant à considérer le mouvement ou la chute des corps indépendamment des frottements dissipatifs qui les entravaient expérimentalement).

A partir de ce moment, la physique et la chimie, par-delà l'étude spécifique de classes particulières de phénomènes à laquelle elles s'adonnaient, se présentèrent en fait comme une entreprise de plus en plus abstraite de mise à jour et de construction d'invariants théoriques censés expliquer de façon très générale les propriétés qu'exhibaient ces phénomènes. Plus, au fur et à mesure que ces invariances étaient élaborées et s'organisaient en schèmes fondamentaux de compréhension, elles apparaissaient comme prescriptives de l'ordre physique au point qu'elles en venaient à prendre valeur prédictive et devenaient ainsi les guides du travail de recherche, tant sur le plan expérimental que pour les développements théoriques qui pouvaient en être dérivés (voir la découverte récente du quark "top").

Au point où nous en sommes actuellement, ces invariants, de plus en plus formels, semblent vraiment constituer le squelette cognitif des théories physiques autour duquel s'organisent non seulement les recherches disciplinaires mais aussi la réflexion épistémologique la plus profonde. Dans ce qui suit, nous nous attacherons donc à retracer d'abord, très sommairement, certains aspects historico-théoriques de l'apparition et du traitement de quelques invariants fondamentaux de la chimie et de la physique ; puis nous nous attacherons à caractériser épistémologiquement la situation conceptuelle qui résulte du théorème de Noether, dans le cas des symétries continues.

b) Apparition et traitement de quelques invariants fondamentaux. Conservation "substantielle"

Dès les débuts de la mathématisation de la physique, la recherche de quantités conservées constitua un objectif théorique d'importance : il n'est que de rappeler les travaux et controverses de Descartes et Leibniz sur la conservation du moment cinétique et de l'énergie cinétique en mécanique.

Mais c'est surtout avec la chimie et la théorie des réactions chimiques que la conservation de certaines quantités commença à prendre un caractère non plus de propriétés accidentelles ou de régulation métaphysique, mais bien de principe recteur scientifique, guidant, telle une heuristique, la recherche elle-même. Conservation de la nature des substances d'abord qui, tout en entrant dans des combinaisons dont les propriétés complexes recouvraient les leurs propres, étaient néanmoins susceptibles d'être récupérées à l'issue de réactions convenables (ce que la théorie atomique justifiera plus tard), mais également conservation de la quantité de matière (rien ne se perd, rien ne crée, tout se transforme).

Cette problématique de la conservation s'élargit considérablement avec la thermodynamique et le rôle que l'énergie (énergie interne, enthalpie) est appelée à y jouer (premier principe). En même temps, et de façon duale pourrait-on dire avec la conservation, apparaît la question associée à l'explicitation de critères d'évolution des systèmes thermodynamiques, c'est-à-dire, précisément, à l'expression et à la quantification de ce qui, à l'inverse, ne se conserve pas (deuxième principe, augmentation spontanée de l'entropie dans les systèmes isolés, minimisation de l'énergie libre).

Cette dualité thermodynamique entre quantité conservée et critère d'évolution se retrouve en mécanique (mais avec une signification différente puisque cette fois les termes de cette dualité sont théoriquement équivalents) : la conservation de l'hamiltonien d'une part, l'extrémalisation du lagrangien d'autre part conduisent à des équations du mouvement identiques. Même si les contenus conceptuels sont différents, les faits concernés et les lois qui les régissent sont les mêmes. Notons d'ailleurs que l'extrémalité lagrangienne renvoie à une sorte de conservation sous-jacente : la trajectoire réalisée est la trajectoire critique (de longueur minimale dans l'espace adéquat), stable ("conservée") sous de petites perturbations.

L'invariance hamiltonienne formalise dynamiquement le principe de conservation de l'énergie ; les propriétés de commutativité des crochets de Poisson qui en résultent transposent à un niveau plus abstrait et proprement mathématique les effets structuraux du principe physique ; en retour, ces effets de structure mathématique en viennent à jouer un rôle génératif : en les appliquant, ils contribuent à prescrire - et non plus seulement à décrire - ce qui est physiquement possible. Par ce mouvement, l'intelligibilité scientifique franchit une étape : l'invariance formelle régulatrice vient se substituer à la conservation substantielle inhérente à l'objet d'étude. Le terrain est prêt pour une avancée plus générale où les principes de symétrie régiront le possible et détermineront son actualisation.

Auparavant il convient de noter que les principes de conservation se sont manifestés dans bien d'autres secteurs disciplinaires que la chimie, la thermodynamique ou la mécanique. L'électricité est fondée en partie sur le principe de la conservation de la charge électrique, dont l'unité élémentaire (charge de l'électron) est un invariant fondamental. Avec les nombres quantiques, la physique quantique introduira, à son tour, bien d'autres types d'invariants, beaucoup plus abstraits et difficilement rapportables à des propriétés intuitives. Leur traitement est essentiellement justiciable de la théorie des groupes abstraits (cf. Variation 3) et renvoie à des cadres très généraux auxquels correspondent les principes de relativité qui leur sont associés. Ces traitements, dans le cas de symétries continues, sont fondés principalement sur la généralisation et l'application du théorème de Noether.

Du point de vue conceptuel, il faut souligner que le jeu essentiel se situe désormais dans le rapport entre caractérisation de structures mathématiques formelles et normatives et énoncé des principes physiques correspondants : des formalismes ("syntaxiques"), la physique ne retient, en un premier temps, que ce à quoi elle est capable de fournir un répondant "sémantique" qui lui soit propre (un contenu physique) et réciproquement, on peut aller jusqu'à soutenir qu'à tout grand principe physique de conservation correspondent des symétries abstraites. Le second temps est alors marqué par la générativité propre de ces symétries abstraites pour la situation physique qu'elles ordonnent et les recherches qu'elles suggèrent et guident.

Cette tendance est bien illustrée par les démarches d'investigation en théorie quantique des champs, mais aussi, nous le verrons également dans le Commentaire 3.5.C.4. de cette Variation, via les analyses d'invariance d'échelle (symétries par dilatation), dans ces cas les plus brutaux et les moins continus de changements que traite la physique des phénomènes critiques. Ces analyses débouchent en effet, comme nous l'avons déjà signalé auparavant, sur la caractérisation de classes d'universalité qui libèrent les modèles de leurs traits spécifiques et des détails de leurs propriétés pour en faire des représentants quasi génériques de classes pour lesquelles les déterminations pertinentes sont aussi générales que des dimensions d'espace de plongement, des dimensions de paramètre d'ordre ou des propriétés topologiques (points critiques, singularités) de fonctions caractéristiques. Y compris par l'apparition dans les systèmes dynamiques d'invariants numériques associés à des propriétés de scaling et caractérisant des types d'application (par exemple les invariants de Feigenbaum pour les applications discrètes unimodales (Feigenbaum 19). Mais revenons plus précisément au cœur contemporain de la problématique des symétries et invariances.

c) Principes de relativité, groupes de symétries. Invariances "formelles"

Il est connu que les principaux invariants de la physique sont rattachés à la mise en œuvre de principes de relativité renvoyant à des symétries sous-jacentes dans les espaces convenables (espace-temps, mais aussi espaces fonctionnels variés) qui elles-mêmes sont formalisées à travers la théorie des groupes (cf. Variation 5).

Du théorème de Noether, nous chercherons ici simplement à souligner les présupposés les plus importants pour en extraire les éléments organisateurs, tant sur le plan technique que conceptuel. Quelles sont donc les contraintes implicites auxquelles répond le théorème ? On peut sans doute en résumer les grandes lignes comme suit :

i) Substrat mathématique (donnée initiale de la représentation) : il existe une fonctionnelle suffisamment régulière (continue, dérivable autant que nécessaire) dépendant de variables d'espace, de temps, mais aussi de variables de champ (elles-mêmes continues et dérivables sur l'espace et le temps) et de leurs dérivées. Cette fonctionnelle est l'action lagrangienne et sa densité (spatio-temporelle) est la fonction fondamentale du problème.

ii) Principe physique : les "équations du mouvement" (l'évolution du système physique) dérivent du principe de Hamilton : c'est-à-dire que la trajectoire effective est définie par l'annulation de la variation perturbative (à temps constant) de l'action lagrangienne. Mathématiquement il s'agit d'un calcul de variation ; physiquement il s'agit d'un principe d'extrémalité (singularisation de la trajectoire réelle par une caractérisation critique stable) dont on peut montrer par ailleurs qu'il revient à l'application d'un principe géodésique sur une variété convenable (cf. pour le lagrangien classique, le théorème d'Eisenhart (Lichnerowicz 1955, Lichnerowicz 1962)).

iii) Définition des transformations infinitésimales de symétrie : ce sont celles qui, tout en opérant une transformation de jauge sur la densité de lagrangien, conservent invariantes les équations du mouvement obtenues précédemment. A noter que les variations associées à ces transformations diffèrent de celles prises en considération lors du premier calcul des variations (extrémalisation de l'action lagrangienne) en ce que le temps est lui-même soumis à variation (en simplifiant au cas classique d'un lagrangien par contraste avec une densité).

iv) Détermination des quantités invariantes : on utilise conjointement les équations du mouvement, les variations de l'action lagrangienne sous les transformations de symétrie et l'éventuelle variation de jauge du lagrangien pour dériver une équation de conservation dans le temps dont les quantités importantes (moments cinétiques, énergie, etc.) sont conjuguées à certains types de symétrie (en l'occurrence les translations d'espace, les translations de temps, etc., respectivement).

Au niveau interprétatif, la saisie du théorème de Noether se fait sans doute plus intuitive si l'on considère que le lagrangien est le coefficient d'une métrique (définit) une métrique d'espace-temps sur la variété riemanienne adéquate. Ainsi, la variation fonctionnelle la plus générale du lagrangien sous une transformation quelconque des coordonnées est soumise à deux contraintes déterminantes. La première consiste à considérer que cette variation est associée à un mouvement, une trajectoire (en fait qu'il s'agit d'une géodésique de la variété dont le lagrangien représente la métrique) : c'est l'application du principe variationnel de Hamilton et les équations d'Euler Lagrange qui en résultent ; sous cette condition, une partie de la variation lagrangienne disparaît. La deuxième contrainte consiste à restreindre la transformation à une des transformations de symétrie du lagrangien, c'est-à-dire à une transformation qui en conserve la forme (ce qui revient à considérer une transformation qui laisse invariante la métrique en question) ou qui, tout en transformant la jauge du lagrangien, conserve la forme des équations du mouvement, c'est-à-dire conserve les géodésiques malgré les modifications de la métrique et sous cette deuxième condition, le reste de la variation prend la forme d'une loi de conservation généralisée.

Par-delà l'intérêt épistémique du résultat obtenu, nous avons indiqué l'importance que revêt la généralisation de ce théorème dans les théories de jauge de la théorie quantique des champs. Il constitue en fait le soubassement à partir duquel il devient possible de procéder au classement des particules élémentaires et à l'analyse de leurs transformations mutuelles au cours de leurs interactions réciproques. C'est lui qui, d'une certaine façon et en rapport étroit avec la théorie des groupes, a permis l'élaboration de la théorie des quarks (chromodynamique quantique) et régit implicitement les recherches d'unification théorique des interactions.

Soulignons enfin, d'un point de vue conceptuel et cognitif plus général, que le théorème de Noether joue un rôle tout à la fois explicatif et heuristique. D'une part il explicite la source physico-formelle (transformations mathématiques de symétries associées au principe physique de Hamilton) des invariants physiques associés à un problème donné ; en cela il se présente comme facteur essentiel d'intelligibilité. D'autre part et réciproquement pour ainsi dire, il guide l'activité de recherche, par exemple pour l'établissement de lagrangiens phénoménologiques susceptibles de rendre compte de l'évolution de systèmes faisant l'objet d'investigations théoriques, mais dont on ne connaît pas encore l'ensemble des déterminations ; il joue alors un rôle fondamental dans la démarche abductive qui, des faits (expérimentaux) et des règles (lois physiques variées), permet de remonter aux conditions (formelles et principielles) qui sont à l'origine théorique de l'observation de ces faits et de ces règles.

Plaçons-nous maintenant d'un autre point de vue : non plus celui des invariants et des quantités conservées mais, à l'inverse, de celui des principes de relativité associés aux symétries qui les engendrent, en soulignant cette fois le rôle et l'importance de l'expression de certaines inobservabilités de principe que formulent ces principes de relativité. En effet, l'existence d'invariances sous des opérations de symétries et des groupes de relativité exprime sans aucun doute des restrictions formelles à certaines possibilités d'observation (par exemple une invariance de translation dans le temps ou dans l'espace implique l'incapacité de fixer une origine absolue des temps ou la définition d'une vitesse absolue) ; invariances, théories de jauge, groupe de relativité fixent les limites de la connaissance que l'on peut avoir d'un système et des quantités que l'on peut mesurer et observer. L'extraordinaire, épistémologiquement parlant, tient au fait que ce sont précisément ces principes de relativité, et donc ces limites imposées à l'observation qui contribuent, comme nous l'avons vu, à déterminer, en un sens très fort, les objectivités physiques qui y obéissent (Petitot 1991). On pourrait alors presque aller jusqu'à dire que, paradoxalement, c'est la condition d'inobservabilité de principe de certaines grandeurs relatives aux systèmes de référence qui conduit à la caractérisation réelle du système physique lui-même et de ses grandeurs observables.

Toutefois, l'aspect le plus intéressant, selon nous, de certains postulats d'inobservabilité est le rôle proprement déterminant pour les théories physiques que, paradoxalement, ils peuvent être amenés à jouer, ou encore le rôle constructif, par exemple pour des interactions physiques qu'ils peuvent remplir. Considérons à cet égard, successivement, les théories relativistes, invariantes sous les transformations de certains groupes de difféomorphisme d'espace (portant donc sur des variables externes) et les théories de jauge, invariantes sous l'action de groupes de jauge (portant sur des variables internes).

Dans les théories relativistes, on pose par exemple l'inobservabilité physique d'une translation des coordonnées d'espace, ou de rotations de ces coordonnées, ou d'un changement d'origine des temps. Il en résulte les propriétés de conservation, respectivement du moment cinétique, du moment de rotation, de l'énergie. Or ce sont ces invariants qui se présentent comme les grandeurs mesurables essentielles de ces théories, c'est-à-dire comme les observables fondamentales. Il apparaît donc que les observables sont dans un rapport de dualité intrinsèque avec les quantités principiellement inobservables et que la caractérisation au moyen des groupes de relativité qui expriment mathématiquement ces inobservabilités détermine en effet les grandeurs invariantes accessibles à l'expérimentation et la mesure.

On sait par ailleurs qu'en relativité générale, la caractérisation de la géométrie de l'univers considéré, associée aux groupes de relativité qui la concernent (c'est-à-dire aux définitions des inobservables mutuelles), revient à la définition de l'énergie-impulsion dans cet univers : les forces sont relativisées à la géométrie dont les invariances (l'incapacité de distinguer un repère par rapport à un autre) définissent les traits principaux.

Il en va de même dans les théories de jauge où, cette fois, ce sont des variables internes qui sont caractérisées, au moyen des groupes de jauge, comme des quantités inobservables. Par exemple, l'inobservabilité d'une origine des phases, pour la fonction d'onde quantique, conduit à déterminer l'invariance de la charge électrique ; et c'est le cas pour bien d'autres nombres quantiques. Mais il y a plus : comme dans le cas de la relativité, le choix des jauges et leurs changements permettent de définir, ou au contraire de faire disparaître, les interactions elles-mêmes qui caractérisent les effets réciproques des champs entre eux. Par exemple, c'est le choix de la jauge de Lorentz qui permet de faire apparaître les potentiels d'interactions électromagnétiques comme corrélats de l'invariance de jauge.

Tous ces exemples montrent bien qu'à ce niveau la caractérisation formelle des limites de ce que l'on pose comme le physiquement connaissable d'une théorie - et donc de ce que l'on peut appeler, sans extension abusive, les limites de l'observabilité qu'elle permet - détermine du même coup les invariants de la théorie, ses lois de conservation et par conséquent la nature physique de ses objets et les interactions qui les gouvernent. Bref, tout ce qui va pouvoir entrer dans le champ de la mesure et de l'observation proprement dites. Il est clair que dans cette configuration de l'analyse du fonctionnement des théories physiques, on est conduit à attribuer un rôle essentiel à ce que l'on peut à bon droit appeler une causalité formelle et que cette causalité formelle est intimement liée aux propriétés de symétrie exhibées par ou exigées des systèmes.

d) Discussion. Conclusion

A travers tous les exemples historiques et théoriques que nous avons présentés, il est manifeste que les invariants physico-mathématiques des théories jouent au moins trois rôles essentiels : ils contribuent à déterminer des *objets scientifiques* stabilisés et conservés à travers la variabilité des phénomènes dans lesquels ils sont impliqués (conservation de la charge, par exemple) ; ils spécifient la *régulation des interactions et des échanges* entre ces objets (conservation de l'énergie et invariance hamiltonienne, par exemple) ; ils participent à la caractérisation des *règles d'évolution* auxquelles obéissent les systèmes physiques (variation lagrangienne et principe de Hamilton, par exemple). Ce faisant, ils dessinent et balisent un domaine cognitif répondant aux normes scientifiques d'intelligibilité tout en catégorisant ce réel scientifique.

Leur importance et leur formalisation croissantes au fil des développements théoriques indique aussi une montée vers l'abstraction dans la caractérisation du réel physique. Cantonnés au départ dans la reconnaissance quasi intuitive (en un sens intrathéorique) de quantités conservées à forte connotation substantielle (matière, énergie, nature des éléments chimiques,...), les invariants physiques sont devenus les corrélats de prescriptions formelles portant sur des entités aussi abstraites que des groupes de transformation (groupes de Lie, notamment) opérant sur des fibres d'espaces internes aux objets physiques. Au point que, désormais, il semble aussi "naturel" de chercher les "causes" dans l'ontologie mathématique des structures exprimant les symétries que dans l'application de principes relevant d'une ontologie purement physique. Sans doute convient-il alors, pour éviter les confusions et rendre compte d'une telle situation intellectuelle, d'introduire jusque dans la physique la distinction entre causes et raisons : on conserverait la catégorie de causalité à la qualification de la phénoménalité physique (si théorique soit-elle) et l'on attribuerait le jeu des raisons (formelles), non plus seulement régulatrices mais prescriptives, aux structures mathématiques qui contribuent à déterminer cette phénoménalité (Petitot 1991).

En même temps, et ainsi que nous l'avons déjà mentionné à propos de l'usage que l'on peut faire du théorème de Noether, les émergences des invariants physiques ont mis en évidence et en valeur l'importance de la démarche de raisonnement abductif en physique. Ce trait, mis en lumière par Peirce (Peirce 1978), est désormais largement reconnu en épistémologie de la physique, où il prend toute sa place à côté des démarches inductives (qui des faits et des conditions conclut aux règles) ou déductives (qui des conditions et règles conclut aux faits). Or, il nous semble tout à fait nécessaire que l'analyse épistémologique moderne ne prenne pas seulement en considération les concepts théoriques, leurs rapports et leurs structures d'intelligibilité, mais aussi les grands modes de raisonnement qui régissent la recherche et ses heuristiques (y compris pour la conception et la mise au point de montages expérimentaux), au-delà même de la procédure d'administration de la preuve.

Participation à l'intelligibilité et à la catégorisation du réel physique, statut quasi paradigmatique de leur intervention dans la démarche de raisonnement, on voit bien que la question de l'émergence théorique et historique des invariants est un élément irremplaçable d'une épistémologie plausible en physique qui tenterait d'articuler l'historicité de la production des théories avec l'atemporalité de leur validité. Ces invariants confèrent un statut d'objectivité à des notions aussi floues que celles d'identité (pour les systèmes physiques et leurs éléments, dont on considère qu'ils restent eux-mêmes à travers les transformations qu'ils peuvent subir, un peu à l'image de la fameuse barque de Thésée dont les invariants ne sont finalement dans aucun des éléments qui la composent, mais bien dans des notions aussi abstraites que sa fonction nautique et, dans une moindre mesure car soumis à des variations possibles, son plan général d'organisation architecturale), ou de régulation (dont on voit que, par-delà la variété des interactions et des échanges mis en jeu, elle se définit finalement relativement à la contrainte de la conservation d'un petit nombre de quantités ou de fonctionnelles). De ce fait ils sont appelés à contribuer de façon très active et vraisemblablement féconde aux conditions de développement de l'épistémologie contemporaine.

3.5.C.2. Sur le rôle de l'interprétation conceptuelle de résultats formels

A l'examen de tout ce qui précède, on pourrait se dire que l'interprétation conceptuelle des résultats formels que l'on obtient dans le développement d'une théorie ou dans l'exploitation d'un formalisme constitue une dimension surajoutée, nécessaire certes quant à la communication entre acteurs de la recherche ou avec le reste de la société mais non nécessaire dans la dynamique de la recherche elle-même. Il semble bien pourtant qu'il n'en soit rien et que cette interprétation conceptuelle se révèle tout aussi indispensable que la générativité des formalismes pour la saisie de la portée de ces résultats et donc pour le développement ultérieur de la recherche. Notamment en ce que ce processus d'interprétation intervient puissamment dans l'activation de l'imaginaire sans lequel il ne saurait y avoir de création théorique. C'est ce dont témoignent nombre d'exemples historiques parmi lesquels on peut citer les représentations qu'a pu se faire Einstein et dont il raconte comment elles l'ont aidé dans ses travaux. Mais ceci est également très présent dans le domaine classique et en particulier dans un secteur qui joue un rôle germinal important pour le contenu de cette Variation, celui de la mécanique analytique.

En effet, un exemple quasi canonique du développement et du rôle de tels systèmes interprétatifs différents concerne les lois du mouvement de la mécanique.

Trois approches distinctes se sont succédé, portant des charges interprétatives très différentes mais conduisant néanmoins à des résultats identiques d'un point de vue opératoire, même si leurs fécondités théoriques se sont révélées fort contrastées :

* les lois de Newton (qui relient forces et accélération) se prêtent à une interprétation évidente en termes de causalité (avec le problème de la propagation instantanée des causes qui en a résulté) ;

* le principe de conservation de l'énergie (le hamiltonien) se prête à une interprétation en termes d'invariance d'une grandeur (conservée au cours du mouvement et déterminant celui-ci) ;

le principe d'extrémalité de l'action lagrangienne se prête à une interprétation en termes de passage du possible à l'actuel (une trajectoire étant sélectionnée parmi une infinité parce qu'elle est critique).
Ces trois approches conduisent aux mêmes équations du mouvement mais mobilisent des techniques mathématiques et des représentations conceptuelles parfois très différentes. Elles ont nourri des débats philosophiques portant sur la causalité, la substantialité, le passage de la puissance à l'acte et tiennent ainsi une place dans la controverse culturelle. Il n'en demeure pas moins que, relativement à leurs fécondités relatives, elles ne tiennent pas la même place, car seules les deux dernières ont pu trouver des répondants relativistes et quantiques et l'on peut même dire que la formulation lagrangienne y détient un rôle prééminent puisqu'elle constitue la base de tous les développements des théories de jauge. Or c'est précisément celle qui s'appuie sur une représentation de critère de sélection critique, puisque parmi toutes les trajectoires possibles elle en privilégie une, la trajectoire géodésique et qu'elle se montre ainsi la plus adéquate à l'usage de critères de symétrie et d'invariance.

Cette remarque ne retire rien à la place prépondérante qu'ont acquise les formalismes par rapport aux représentations interprétatives : on sait bien, par exemple, que l'unification géométrique dans des espaces adéquats des deux dernières descriptions par la géométrie symplectique indique clairement qu'un mouvement de formalisation adapté est capable de subsumer sous des structures et concepts mathématiques communs des approches différentes, que distinguent principalement des interprétations et des représentations discursives. Il reste que le rôle heuristique de ces interprétations n'en est pas atteint.

3.5.C.3. Sur les théories d'unification et leurs portées

Nous avons souligné, à la fin du paragraphe 3.4.2., le caractère extraordinaire du rôle des symétries locales de jauge et de leurs brisures spontanées sous l'interaction avec un champ de Higgs (qui confère de la masse à des champs qui n'en avaient pas), dans la théorie de Weinberg et Salam de l'unification électro-faible. Nous voudrions revenir ici, brièvement, sur ces questions en en privilégiant deux aspects : d'une part, un aspect proprement théorique, avec les efforts déployés dans la poursuite d'unifications ultérieures (grande unification et unification avec le champ gravitationnel - théorie de "tout" -) et, d'autre part, un aspect plus épistémologique relatif au rôle de quasi-"causalité formelle" que jouent les symétries de jauge et leurs brisures à ce stade de la théorie physique.

Abordons donc, pour commencer, l'aspect plus théorique. Le projet de grande unification vise à unifier les trois interactions fondamentales du monde quantique : l'interaction électromagnétique, l'interaction faible (ces deux premières déjà unifiées, avons-nous vu) et l'interaction forte qui, sous l'égide du groupe SU(3), fait l'objet de la chromodynamique dont nous avons esquissé quelques grandes lignes. Le groupe d'unification qui semble pouvoir répondre à la question est le groupe SU(5), mais une des difficultés que rencontre la théorie correspondante tient au fait qu'elle implique une instabilité constitutive du proton, dont la durée de vie serait néanmoins suffisamment grande pour que sa désintégration spontanée soit très difficilement décelable. Des expériences sont actuellement en cours pour vérifier si, statistiquement au moins, on observe une telle désintégration dans les limites de probabilité prévues par cette théorie.

Une autre difficulté de la théorie SU(5) tient au fait qu'il faut introduire un nouveau champ de Higgs pour briser la symétrie de grande unification ainsi obtenue et récupérer la distinction entre interaction forte et interaction électro-faible. Or si cette dernière interaction se sépare en interaction électromagnétique et interaction faible aux alentours de 100GeV, en revanche la première séparation n'interviendrait qu'aux environs de 10^{15} GeV, soit à une échelle 10^{13} fois plus grande, ce qui impose des contraintes considérables d'ajustement des constantes de couplage.

Ces difficultés ont conduit à envisager d'autres modèles de grande unification, mais dont encore aucun (ni le modèle dit "technicolor", qui prévoit une autre interaction appelée "technicouleur", ni les modèles "composites" qui introduisent des structures sous-jacentes aux particules considérées actuellement comme élémentaires, notamment de nouveaux fermions) ne rencontre encore l'accord des scientifiques. En fait, les modèles les plus prometteurs semblent être les modèles supersymétriques que nous avons déjà évoqués précédemment et qui offrent de surcroît l'avantage de proposer d'emblée des pistes d'unification avec la gravitation, puisqu'ils introduisent un boson d'interaction de spin 2, tel le graviton, dont le partenaire supersymétrique serait le gravitino de spin 3/2. On notera que déjà, antérieurement, nous avions souligné le fait que les théories supersymétriques introduisaient des partenaires bosoniques scalaires (squarks et sleptons) pour les fermions fondamentaux. De ce point de vue, les théories supersymétriques pourraient être appelées à jouer un rôle important dans l'explication des brisures spontanées de symétrie que nous venons d'évoquer pour expliquer l'acquisition de leur masse par certains quantons. D'autant que le développement de la théorie des supercordes (cordes supersymétriques) montre qu'une perspective théorique d'unification complète semble moins hors de portée.

Le deuxième aspect a évidemment trait au rôle organisateur pour les phénomènes et déterminant pour l'intelligibilité que jouent les symétries et leurs brisures dans les théories les plus contemporaines. Certes, les références ne sont plus les nombres mythiques de Pythagore, ni les formes des solides platoniciens, mais il est néanmoins frappant de constater que des structures mathématiques aussi abstraites que des groupes de symétrie non seulement se révèlent aptes à interpréter la réalité phénoménale, mais même à guider une recherche théorique et expérimentale qui mobilise des moyens tout à fait considérables. Ainsi, après le récent succès de la découverte du sixième quark (le "top"), est-ce désormais la recherche du boson de Higgs qui mobilise les énergies pour confirmer le modèle standard des interactions.

Ce rôle pris par les symétries et leurs brisures dans la construction d'une objectivité physique qui, par ailleurs, a complètement échappé à l'intuition sensible habituelle, suscite des interrogations profondes sur la nature de l'univers physique et sur la nature de la connaissance que nous pouvons en avoir. Touchons-nous, avec ces structures mathématiques, à la structure intime des formes d'organisation possibles pour tout univers physique en tant que donné, où ne sont-elles encore qu'échafaudages provisoires pour une architecture qui reste à révéler et à construire ?

D'autant qu'il est non moins frappant de voir se rejoindre aujourd'hui dans des problématiques théoriques identiques les questions relatives à l'organisation intime des particules élémentaires à l'échelle la plus microscopique et celles relatives à la cosmologie, à l'univers dans son entier, dans son état embryonnaire, à l'échelle macroscopique, dans le modèle standard du "big-bang". En effet, les théories d'unifications quantiques s'associent à la relativité générale pour décrire un état unifié d'un univers en devenir, gouverné tout à la fois par des contraintes de symétries extrêmement fortes et par des brisures successives de ces symétries induites par une instabilité initiale du vide quantique, qui serait à l'origine de son expansion, de son refroidissement, de sa structure matérielle telle que nous pouvons l'observer aujourd'hui (et peut-être même de cet espace et de ce temps qui nous apparaissent pourtant comme les conditions *a priori* de toute expérience physique possible). Son état actuel ne serait donc que la conséquence d'une succession ordonnée de brisures de symétrie à partir d'un état très symétrique mais suffisamment instable pour ne pas résister à une fluctuation quantique, qui, de toute façon, lui serait inhérente.

On remarquera toutefois, pour tempérer ce que peut avoir de trop assuré le tableau que ces résultats nous conduisent à dresser, que dans toute cette Variation, comme dans toutes celles qui l'ont précédée, nous avons fait usage sans le dire - et sans les questionner - de postulats importants concernant la nature "intime" de l'espace et du temps, à savoir qu'ils étaient homogènes et continus, sans présenter intrinsèquement aucune topologie "pathologique", même s'ils pouvaient présenter des singularités accidentelles. Or, ce point de vue n'est pas nécessairement partagé par tous. Bien au contraire, certains physiciens estiment qu'il convient d'examiner si, à l'échelle quantique ou subquantique, on n'aurait pas à considérer un espace-temps "granuleux" ou discret, pourvu d'éléments minimaux de longueur et/ou de temps, siège de fluctuations locales à toute petite échelle (Bohm) voire présentant des dimensions métriques fractales (Nottale).

3.5.C.4. Sur la symétrie par dilatation et l'invariance d'échelle

Dans l'analyse de la symétrie par dilatation (invariance d'échelle) appliquée aux systèmes physiques, se manifestent deux aspects distincts, mais qui peuvent se révéler complémentaires, des propriétés de ces systèmes. Le premier aspect, très général, tient au fait que les lois de la physique ne doivent pas dépendre des unités choisies pour caractériser et mesurer les phénomènes, ce qui conduit à la mise en œuvre de l'analyse dimensionnelle dont l'efficacité heuristique peut parfois être très grande. Le second aspect, plus spécifique, est celui que nous venons d'aborder plus techniquement dans le corps du texte : certains phénomènes sont associés à une échelle de longueur pertinente, mais il peut se produire des situations (les situations critiques, notamment) dans lesquelles cette pertinence disparaît au profit d'un comportement semblable à toutes les échelles (divergence des longueurs de corrélation).

Cette invariance physique par dilatation, lorsqu'elle existe de façon exacte ou approchée, peut également faire l'objet d'un traitement mathématique beaucoup plus général (Jackiw 1972) en référence au théorème de Noether (dont nous avons analysé les conséquences précédemment) conduisant à la conservation de quantités nouvelles. Dans le cas général d'une théorie du champ, le courant conservé associé à cette nouvelle symétrie se met sous la forme :

$$J^{\mu}(x) = (x)\nu T^{\mu\nu}(x)$$

où $T^{\mu\nu}$ est un tenseur symétrique d'énergie-impulsion.

Notons qu'en adjoignant la symétrie de dilatation aux symétries de translation et de rotation du groupe de

Poincaré ainsi qu'aux transformations spéciales conformes, on obtient le groupe conforme associé à l'invariance conforme (conservation des angles) qui a un temps porté beaucoup d'espoir d'avancées dans la perspective de l'unification théorique.

Du point de vue mathématique, au-delà des homothéties usuelles, c'est dans les structures géométriques fractales auto-similaires que se manifeste de la façon la plus spectaculaire la symétrie par dilatation et l'invariance d'échelle qui lui est associée. Comme cela a été fréquemment souligné depuis les travaux de B. Mandelbrot - (Mandelbrot 1982), de telles structures trouvent de nombreuses illustrations naturelles, même si alors il existe des limites à l'invariance d'échelle, dues à la nature finie des objets considérés. Ainsi, phénomènes de percolation, fronts de diffusion, attracteurs étranges de dynamiques chaotiques, en physique, interfaces membranaires, réseaux arborescents en biologie, réseaux hydrographiques, découpages côtiers, voire distribution spatiale des galaxies, pour les sciences de la terre et de l'univers, présentent-ils souvent des caractères fractals.

Dans un autre ordre d'idées, rappelons qu'une situation critique se caractérise notamment par le fait que la longueur de corrélation entre les particules constituant le système devient infinie, ce qui revient à dire que toutes les particules interagissent entre elles, transformant la collection d'éléments distincts et disjoints que l'on peut traiter individuellement (en interactions locales de paires, par exemple) en un tout dont on ne peut séparer validement des parties. On conçoit que dans un tel cas les méthodes d'approximation habituelles, fondées sur la petitesse de la longueur de corrélation relativement aux échelles pertinentes du système, deviennent inopérantes. La contrepartie de cette complication énorme qui accorde un poids semblable à toutes les interactions (à tous les degrés de liberté, aussi) est constituée par l'apparition au point critique d'une symétrie nouvelle, la symétrie par dilatation, puisque tout changement d'échelle (compatible évidemment avec les dimensions macroscopiques du système) laissera invariante la portée - infinie - des corrélations (et cette symétrie de dilatation au point critique sera d'autant plus brisée que l'on s'éloignera plus de ce point).

Il faut alors souligner le fait que les procédures de renormalisation qui permettent de prendre en compte cette symétrie et de traiter ainsi adéquatement de telles situations ont non seulement pour objet de mettre en évidence la coopération des éléments du système à l'échelle microscopique dans leur contribution aux effets macroscopiques et les relations entre les différentes échelles, mais aussi de dégager les lois d'échelle elles-mêmes, de déterminer les exposants critiques correspondants et de caractériser les classes d'universalité qui leur sont associées. Ce faisant, les systèmes critiques considérés se trouvent de fait rapportés non plus à l'étude fine des *interactions* entre leurs éléments et des valeurs précises de leurs grandeurs spécifiques (dont la moindre perturbation se propage à toutes les échelles du fait de la criticité, ce qui rendrait leur analyse inextricable), mais bien à celle des *transformations* dans les changements d'échelle des quantités qui les caractérisent. C'est la raison profonde pour laquelle l'accent est mis sur la détermination des exposants critiques qui traduisent ces propriétés d'échelle génériques et non sur les détails spécifiques du système. Quant aux classes d'universalité, elles regroupent alors les systèmes qui présentent les mêmes propriétés d'invariance dans ces transformations.

En fait, et comme le souligne A. Lesne (Lesne 1995), la renormalisation opère ainsi un transfert fondamental des espaces de référence pour les phénomènes critiques. Elle transforme, en effet, non pas les *réalisations* du système dans son espace de phase, mais bien sa *règle de structure* (sa loi constitutive). L'analyse dans l'espace des phases est ainsi remplacée par l'analyse de l'espace de ces lois constitutives, celui où l'on peut exprimer formellement la classe d'universalité à laquelle appartient le système critique.

3.5.C.5. Sur le rôle des dimensions (spatiales et du paramètre d'ordre) dans l'expression des exposants critiques

Comme nous l'avons vu, un des résultats les plus spectaculaires du traitement des phénomènes critiques par le groupe de renormalisation est de parvenir à gommer la plupart des traits spécifiques d'un système pour mettre clairement en évidence la dépendance des exposants critiques en fonction de grandeurs aussi générales et universelles que la dimension d de l'espace physique et celle n du paramètre d'ordre. C'est ce qui permet de parler de classes d'universalité et d'équivalence entre eux de nombreux systèmes, du point de vue de la criticité, lorsqu'ils appartiennent à la même classe.

En fait, n s'interprète comme l'expression d'une propriété de symétrie du paramètre d'ordre, comme on le voit en remarquant que n = 1, 2, 3, pour des champs de spins, correspondent respectivement au modèle d'Ising, au modèle dit XY et au modèle de Heisenberg. Le cas n = 1 correspond aussi à nombre d'autres transitions : transition ordre-désordre dans les alliages, transition critique des liquides simples, transition superfluide de l'Helium. Le cas limite $n = \infty$ correspond à ce que l'on appelle, pour cette raison de symétrie, le modèle sphérique, qui offre la particularité d'être exactement soluble quelle que soit la dimension d de l'espace physique. Cette propriété explique l'intérêt de procéder dans certains cas à des développements perturbatifs en 1/n pour obtenir des résultats approchés. L'autre cas exactement soluble, celui du modèle gaussien, correspond formellement à la valeur n = -2. Par ailleurs, De Gennes a montré que l'étude du comportement des polymères sous l'angle de la statistique des marches aléatoires sans recouvrement correspond formellement au cas n = 0.

Si maintenant nous considérons plus particulièrement la dimension d de l'espace proprement dit, on notera que le cas d = 1 correspond, lui aussi, à un modèle exactement soluble, mais si son intérêt illustratif est évident, sa portée pratique pour l'étude des comportements des systèmes critiques dans notre espace à trois dimensions reste limitée. D'autre part, Onsager (Onsager 1944) a montré, dans le cadre de son analyse d'un système de spins sur réseau plan, que c'est aussi le cas pour le couple (d = 2, n = 2). Mais le point le plus intéressant est constitué par le fait que pour $d \geq 4$ les théories de champ moyen sont exactes. Physiquement, cela se comprend bien si l'on considère la façon (2^d) dont croît avec la dimension le nombre de voisins sur un réseau (hyper)cubique : aux basses dimensions, ce nombre est trop limité pour qu'un site donné "voie" autre chose que les quelques voisins (2 en dimension 1, 4 en dimension 2, 8 en dimension 3) avec lesquels il interagit. En revanche, aux dimensions élevées, le nombre de voisins est suffisant pour qu'un effet physique de champ moyen se fasse sentir de façon dominante. Il s'agit là d'un effet essentiel de croissance de la connexité pertinente. La dimension critique (celle qui assure la transition entre effets de voisins localisés et effet de champ moyen) est $d_c = 4$. On a ici la base physique de l'intérêt des développements en $\varepsilon = 4 - d$ (à n fixé) pour tenter de traiter les situations dans notre espace à trois dimensions (même si d = 3 ne laisse pas vraiment ε très petit devant 1 !).

Les rôles fondamentaux joués par n et d dans la théorie des phénomènes critiques montrent que des invariances peuvent se manifester à un niveau supérieur d'universalité à celui des caractéristiques "internes" des espaces considérés (métriques, différentiabilité, topologie). La différence qualitative des comportements lorsque l'on passe du tridimensionnel au quadridimensionnel, évidemment liée à la différence des connexités de voisinage, et le fait que d = 1, et parfois d = 2, permettent des solutions exactes, montre qu'une complexité particulière est associée à la tridimensionalité de notre espace physique : cette dimension paraît suffisamment élevée pour empêcher les simplifications apportées par les dimensions inférieures au niveau de la prise en compte des interactions locales et en même temps trop basse pour permettre cette autre simplification qu'apporte la globalisation du champ moyen et qu'autorise la connexité élevée. Cette complexité associée à la tridimensionalité sera évoquée à nouveau lorsqu'il s'agira de considérer les situations biologiques et les possibles invariants qui peuvent leur être attachés et la discussion en sera poursuivie dans le cadre de la Variation 6 en prenant argument des remarques que nous venons de faire.

REFERENCES DE LA VARIATION 3

H. ANDRILLAT, *L'univers sous le regard du temps*, Masson 1993

M. CASSE, *Du vide et de la création*, Odile Jacob 1993

P. CHOSSAT, *Les symétries brisées*, Pour la Science 1996

R. COURANT, D. HILBERT, *Methods of Mathematical Physics*, Interscience, New York 1962

J. DEMARET, *Univers. Les théories de la cosmologie contemporaine*, Le Mail 1991

H. GOLDSTEIN, *Classical Mechanics*, Addison Wesley, Reading 1950

M. GRANET, *La pensée chinoise*, Albin Michel 1968

E. L. HILL, *Hamilton's Principle and the Conservation Theorems of Mathematical Physics*, Rev. Modern Phys., **23**, n°3, p. 253, 1951

F. KLEIN, *Über die Differentialgesetze für die Erhaltung von Impuls und Energie in der Einsteinschen Gravitationstheorie*, Kgl. Ges. d. Wiss. Nachrichten. Math.-phys. Klasse, n°2, p. 171, 1918

M. LE BELLAC, *Des phénomènes critiques aux champs de jauge*, InterEd. & Ed.CNRS 1988

J. W. LEECH, *Eléments de mécanique analytique*, Dunod 1961

J-M. LÉVY-LEBLOND, *Conservation Laws for Gauge-Variant Lagrangians in Classical Mechanics*, AJP, **39**, p. 502, 1971

A. LICHNEROWICZ, *Théories relativistes de la gravitation et de l'électromagnétisme*, Masson, Paris, 1955

A. LICHNEROWICZ, *Eléments de calcul tensoriel*, Armand Colin, Paris 1962

C. W. MISNER, K.S. Thorne et J.A. Wheeler, *Gravitation*, Freeman 1973

E. NOETHER, *Invariante Variationsprobleme*, Kgl. Ges. d. Wiss. Nachrichten. Math.-phys. Klasse, n°2, p.235, 1918

L. NOTTALE, *Fractal Space-Time and Micro-Physics*, Ed. World Scientific 1993

C. S. PEIRCE, *Ecrits sur le signe*, Seuil 1978

J. PETITOT, *Idéalités mathématiques et réalité objective. Approche transcendantale*, in : *Hommage à Jean-Toussaint Desanti*, Ed. TER 1991

L. H. RYDER, *Quantum field theory*, Cambr. Univ. Press 1986

A. SOMMERFELD, *Mechanics*, Acad. Press, London 1964

R. C. TOLMAN, *Relativity, Thermodynamics and Cosmology*, Clarendon Press 1966

H.WEYL, *Symétrie et mathématique moderne*, Flammarion 1996

E. C. ZEEMAN, *Causality Implies the Lorentz Group*, Journ. Math. Phys., **5**, n°4, p.490, 1964

REFERENCES SUPPLEMENTAIRES

P. BERGE, Y. POMEAU, CH. VIDAL, *L'ordre dans le chaos*, Hermann, 1984

N. BOCCARA, *Symétries brisées*, Hermann, 1976

A. JACKIW, *Introducing Scale Symmetry*, Phys. Today, **25**, p. 23, 1972

Y. KOSSMANN-SWAZBACH, *Sur les théorèmes de Noether*, in : *Géométrie et physique* (CHOQUET-BRUHAT *et al.* Eds), Hermann, n°21, 1987

L. D. LANDAU, E.M. LIFSCHITZ, *Lehrbuch der theoretischen Physik,V*, *Statistische Physik*, Akad. Verlag Berlin 1970

M. LE BELLAC, *Des phénomènes critiques aux champs de jauge*, Ed. CNRS 1988

A. LESNE, *Méthodes de renormalisation*, Eyrolles 1995

J-M. LEVY-LEBLOND, *Aux contraires*, Gallimard 1997

B. MANDELBROT, *The Fractal Geometry of Nature*, Freeman 1982

J. ONSAGER, *Crystal Statistics : a Two-Dimensional Model with an Order-Disorder Transition*, Phys. Rev., **65**, p.117, 1944

R. THOM, *Modèles mathématiques de la morphogenèse*, C. Bourgois 1980

G. TOULOUSE, P. PFEUTY, *Introduction au groupe de renormalisation et à ses applications*, Presses Univ. Grenoble 1975.

VARIATION 4

SUR LES SYMETRIES ET LEURS BRISURES EN BIOLOGIE

4.1. INTRODUCTION. EXEMPLES

Un livre entier serait insuffisant pour décrire toutes les circonstances, anatomiques ou fonctionnelles, macroscopiques ou moléculaires, dans lesquelles interviennent des symétries ou des brisures de symétrie pertinentes en biologie. Il n'est pour s'en convaincre que de parcourir la littérature consacrée à des organismes aussi variés que ceux des animaux ou des végétaux ou aux structures les plus simples comme les plus compliquées de la biologie moléculaire, de d'Arcy Thompson (Thompson 1961) à Hermann Weyl (Weyl 1964), de Pasteur à Bouligand (Bouligand 1980) et Kauffman (Kauffman 1993). Aussi, notre préoccupation dans cette Variation sera-t-elle moins de répertorier et décrire à nouveau tous ces cas que d'essayer de déceler certaines règles, voire de dégager certains principes, qui pourraient avoir valeur explicative dans le surgissement naturel et la sélection de telles propriétés de symétrie ou de dissymétrie pour ces structures ou fonctionnements et notamment, comme pour la physique, d'essayer de révéler et de caractériser des invariances. D'ailleurs il semble bien que nombre de symétries et de leurs brisures observées dans les organismes biologiques soient explicables par des recours à des effets physiques induits par l'environnement et la pression de sélection qu'il exerce, et même à des principes géométriques très généraux, ainsi que, bien entendu, à des exigences fonctionnelles très globales. Illustrons brièvement chacun de ces aspects par un court exemple.

On peut commencer par relever le rôle que joue la gravité dans la structure des organismes : en général elle engendre une brisure de symétrie haut/bas, mais là où ses effets s'atténuent, dans les océans par exemple, la symétrie qu'elle brise est en grande partie restituée. De même, on constate que pour les végétaux, qui ne se déplacent pas, la gravité (associée au phototropisme lié à la synthèse chlorophyllienne des plantes) tend à induire une symétrie de type cylindrique ; tandis que pour les animaux quadrupèdes, qui se déplacent, elle tend à engendrer une asymétrie dorso-ventrale (ce rôle de la gravité comme facteur de brisure de symétrie dans les situations critiques a d'ailleurs déjà été pris en considération et étudié en physique (Kondepudi *et al.* 1981)). Des considérations plus géométriques, liées à la nature même de l'espace, peuvent aussi intervenir. Ainsi Weyl (Weyl 1964) remarque-t-il que le principe géodésique, qui vise à la possibilité d'effectuer des déplacements minimaux pour aller d'un point à un autre dans notre univers localement euclidien, entraîne l'apparition d'une symétrie bilatérale pour éviter un mouvement spontané de type hélicoïdal, au demeurant peu efficace. Enfin, du point de vue plus fonctionnellement biologique cette fois, la nécessité de se mouvoir pour rechercher, ingérer et excréter des proies tend de son côté à induire une brisure de symétrie antéro-postérieure chez les animaux. Dans un autre ordre d'idées, c'est-à-dire en nous plaçant dans une perspective plus comportementale mais sans entrer dans d'autres détails, on relèvera l'analyse en termes de brisures de symétries spatio-temporelles par bifurcations de Hopf (cf. Variation 3) des allures et des changements d'allure dans les déplacements des bipèdes et quadrupèdes telles qu'elles sont présentées et modélisées en termes de couplage d'oscillateurs par (Collins *et al*. 1993). Nous y reviendrons de façon plus précise à la fin de la partie 4.2.

Ces exemples introductifs montrent qu'à côté d'approches purement descriptives on trouve aussi, en matière de symétries proprement biologiques, des approches faisant appel à l'application de principes très généraux ainsi qu'à des modélisations mathématiques tout à fait comparables à celles qui ont cours en physique, sans gommer pour autant la spécificité biologique. C'est aussi ce que nous constaterons dans la suite à l'occasion d'analyses plus précises.

Dans une première partie (4.2.), nous considérerons donc quelques cas de symétries et de brisures de symétrie particulièrement illustratifs dans des domaines biologiques suffisamment variés pour donner une idée de l'extension très vaste de ces concepts (au niveau cellulaire, voire macromoléculaire, à celui des organes, des organismes, ou même des espèces et de leurs rapports, dans les règnes végétal et animal). Ces exemples auront une portée principalement descriptive (et dans la prochaine Variation 5 nous montrerons comment ils interviennent de façon très utile dans les activités classificatoires des naturalistes et dans les arguments évolutionnistes, des généticiens moléculaires aux systématiciens).

La deuxième partie (4.3.), plus abstraite mais moins "anecdotique", sera surtout consacrée à la recherche et à la formulation de règles ou de principes plus généraux susceptibles de jouer un rôle explicatif relativement à l'apparition et à la fonction de telles propriétés de symétrie (ou à la place que peuvent prendre leur brisure dans l'économie du vivant).

Enfin, dans la troisième partie (4.4.) nous tenterons de discuter, à partir de ces exemples et principes, de certains éléments de caractérisation du vivant.

4.2. SUR QUELQUES SYMETRIES OU ASYMETRIES BIOLOGIQUES SIGNIFICATIVES

Si nous commençons par nous intéresser à la réalisation biologique de symétries ou de brisures de symétrie abstraites que l'on se donnerait en quelque sorte *a priori*, nous ne pouvons que constater la grande profusion des exemples possibles.

Ainsi, aux symétries de rotation (tri- ou bidimensionnelles, voire même, dans certains cas, sphériques ou cylindriques) correspondent aussi bien les ovules que les oursins, les octomères (pieuvres), les pentamères (étoiles de mer), les symétries-miroir (symétrie bilatérale des vertébrés). Aux symétries (limitées, évidemment) de translation spatiale correspondent les répétitions par métamérie, tant chez les vers (anneaux) que les insectes (segmentations) et les vertébrés (colonne vertébrale).

Aux symétries périodiques de répétition temporelle correspondent évidemment toutes les horloges biologiques internes, du niveau cellulaire à celui des organismes.

Aux symétries de dilatation enfin, correspondent toutes les structures anatomiques fractales associées aux fonctions physiologiques (membranes d'interface, réseaux arborescents), voire de façon plus abstraite et dans un espace qui n'est plus l'espace de plongement usuel, mais plutôt un espace de phases, certains attracteurs étranges de dynamiques biologiques.

Ainsi donc, du point de vue spatial, se trouvent illustrés par la variété du vivant tout à la fois le groupe des déplacements ainsi que les homothéties (self-similarités) dans notre espace euclidien tridimensionnel (et ses sous-espaces de plus faibles dimensionnalités), et que les diverses réalisations des symétries possibles pour le temps biologique unidimensionnel, le tout accompagné des brisures de symétrie correspondantes (et notamment, bien sûr, l'irréversibilité temporelle). Notons aussi qu'existent des réalisations biologiques très importantes de symétries plus complexes, combinant ces symétries de base. C'est le cas, par exemple, de la symétrie hélicoïdale (qui combine rotation et translation spatiale) que l'on trouve tant dans la structure de l'ADN que dans les matrices extracellulaires d'invertébrés marins (Gaill *et al.* 1992) ou les cuticules d'annélides (se combinant parfois avec une symétrie par dilatation d'échelle).

Mais nous pouvons aussi adopter une attitude qui constituerait en quelque sorte la réciproque de la première et, partant des caractérisations biologiques cette fois, nous demander ce qu'il en est des symétries et brisures de symétrie pertinentes pouvant apparaître dans les différents règnes comme à différents niveaux d'organisation. Nous constatons alors que, là encore, les symétries et asymétries significatives correspondantes se manifestent très fréquemment (Vogel *et al.* 1994). Ainsi, au niveau de la cellule, malgré la symétrie morphologique que présente la double couche lipidique membranaire, on constate une distribution asymétrique des constituants des deux côtés de la membrane, ce qui constitue ce qu'on appelle l'asymétrie membranaire (en effet, par exemple, le cholestérol se situe plutôt dans les couches externes, et la phosphatidylsérine dans les couches internes ; de même, il y a deux fois plus d'acides gras insaturés dans les lipides de la couche interne que dans ceux de la couche externe). Pour les végétaux, et relativement à la tige des cormophytes (qui possèdent les trois organes fondamentaux : tiges, feuilles et racines), on trouve, dans les symétries transversales, la symétrie axiale ou rayonnée, la symétrie bilatérale (tiges aplaties) qui présente deux plans de symétrie perpendiculaires, la symétrie dorsiventrale qui présente un seul axe de symétrie (du fait que les deux côtés de la tige sont inégalement aplatis). Quant à la symétrie longitudinale, on constate au contraire une dissymétrie marquée de type tige/racines. Chez les animaux, au niveau des organismes eux-mêmes et pour ce qui est des formes primitives de métazoaires, les coelentérés présentent une symétrie radiaire, tandis que les vers plats (plathelminthes) présentent une symétrie bilatérale. Les échinodermes, pour leur part, sont pourvus d'une symétrie radiaire pentamère ; il est intéressant de remarquer, les concernant, que leur larve présente au tout début du développement une symétrie sphérique, puis une symétrie bilatérale qui constitue donc un caractère primaire, tandis que la symétrie radiaire à cinq directions privilégiées de l'adulte constitue un caractère secondaire. Il est d'ailleurs généralement observé que le développement s'accompagne très généralement de brisures de symétries, et ce, dès le stade de l'œuf fécondé, qui présente très vite, au fil des divisions cellulaires, une polarité interne entre pôle animal et pôle végétal.

Comme nous l'avons déjà noté au paragraphe précédent, les modélisations mathématiques rendant compte de certaines de ces symétries et de leurs brisures ne manquent pas. Nous en considérerons ici deux types différents en guise d'illustration. La première, déjà mentionnée dans l'introduction, portera sur les allures dans les déplacements des animaux ; la seconde sur la dynamique prédateur/proie, telle que sont censées la représenter les équations de Lotka-Volterra (voir aussi May 1987). Dans l'exposition de ces exemples nous adopterons la présentation, résumée mais fort claire, qu'en fait P. Chossat (Chossat 1996).

Pour modéliser le déplacement des animaux bipèdes, l'hypothèse fondamentale revient d'une part à considérer chaque patte comme un oscillateur (périodicité temporelle de période T, engendrant le groupe S^1 de "rotation" sur le temps) et d'autre part à considérer que le tout formé par l'ensemble des pattes possède une symétrie spatiale M (symétrie miroir engendrant le groupe à deux éléments $\mathbf{Z}_2$). Le groupe de symétrie à considérer est donc $\mathbf{Z}_2 x S^1$. Les deux oscillateurs sont couplés et les équations les représentant sont du type Van der Pol. Un tel système peut présenter une bifurcation de Hopf (apparition spontanée d'oscillations). Du fait que les seuls sous-groupes de $\mathbf{Z}_2 x S^1$ dont l'ensemble de points fixes est de dimension deux, sont $\mathbf{Z}_2$ lui-même et un autre groupe à deux éléments (combinaison de M et de la symétrie temporelle) correspondant au déphasage de T/2 (rotation de 180° dans S^1), il existe deux types de solutions bifurquées : l'une de symétrie bilatérale (locomotion par sauts du kangourou, par exemple), l'autre présentant un déphasage de T/2 (marche de l'homme, par exemple). Bien que la situation soit plus compliquée, on peut traiter de la même façon des différents types de locomotion des quadrupèdes.

Dans le cas de la dynamique prédateur/proie, la modélisation passe l'établissement d'équations différentielles (les équations de Lotka-Volterra) représentant l'évolution temporelle des populations des proies (x_1) et des prédateurs (x_2), en supposant ces deux populations couplées entre elles mais isolées de toute autre. L'évolution de la population des proies est alors représentée par l'équation :

$$dx_1/dt = (a - x_1)x_1 - cx_2 \qquad (1)$$

Le premier terme du second membre correspond à l'évolution considérée comme naturelle d'une population indépendante limitée seulement par la quantité disponible de nourriture (partie dite logistique) et le second terme correspond à l'effet de diminution de cette population due à la prédation.

Quant à l'équation gouvernant la population des prédateurs, elle s'écrit :

$$dx_2/dt = -bx_2 + cx_1x_2 \qquad (2)$$

où le premier terme est lié à la diminution spontanée de cette population en l'absence de proies et le second à son augmentation grâce à la prédation. En dehors des solutions stationnaires triviales ($x_1 = x_2 = 0$ et $x_2 = 0$, $x_1 = a$), il existe une troisième solution, correspondant encore à un point fixe et traduisant un équilibrage mutuel des populations :

$$x_1 = (ac - b)/c^2$$
$$x_2 = b/c$$

Comme dans tout système dynamique, cette dernière solution présente des caractéristiques qui dépendent des valeurs des coefficients a, b, c : elle peut être en effet soit asymptotiquement stable, soit instable, soit encore présenter une stabilité au sens de Lyapounov (la trajectoire dans l'espace des phases reste proche du point correspondant mais sans tendre vers lui, conduisant à des oscillations).

L'intérêt de cet exemple réside dans le fait qu'il joue un rôle en quelque sorte paradigmatique pour l'apparition de symétries et leurs brisures en biologie, du fait que nombre de phénomènes de dynamique biologique sont actuellement modélisés par des systèmes dynamiques plus ou moins complexes. Ainsi, la segmentation du corps de la drosophile ou les zébrures de la robe du zèbre (ou encore la distribution des taches du léopard) ont-elles pu être interprétées en termes d'effets de distribution en "ondes stationnaires" (apparition de symétries de périodicité spatiale) des concentrations de substances biologiquement actives au cours de l'embryogenèse (Kauffman 1993), distributions engendrées par les équations de diffusion-réaction régissant le comportement de ces substances (rappelons d'ailleurs que c'est précisément ce genre de phénomène physico-chimique représenté par ce type d'équation de réaction-diffusion, qui est à l'origine d'apparition de symétries périodiques spatio-temporelles dans les réactions du type Belousov-Zhabotinsky (Vidal *et al.* 1988)). Il est vraisemblable que, vu la tendance croissante à modéliser des phénomènes biologiques au moyen de systèmes dynamiques non linéaires (systèmes qui offrent le double avantage de proposer une première approche de la "complexité" biologique tout en étant justiciables d'un traitement mathématique rigoureux), bien des symétries biologiques se prêteront à ce genre d'interprétation.

4.3. DE QUELQUES INVARIANCES ABSTRAITES EN BIOLOGIE : HOMOLOGIE, ANALOGIE, ALLOMETRIE

Avec les derniers exemples que nous venons de considérer, nous sommes sortis de l'approche à dominante descriptive des symétries présentes en biologie pour entrer de plain-pied dans le domaine des modélisations plus formelles et de la prise en compte de principes plus généraux, concernant tant l'apparition et la sélection de grands plans d'organisation, que les transformations de structures organiques et de fonctions physiologiques. C'est cet aspect que nous voudrions explorer maintenant, non pas évidemment d'un point de vue exhaustif, mais en vue d'en dégager certains traits importants, notamment dans le cadre de la théorie de l'évolution et de l'interprétation que l'on peut fournir de certaines de ses réalisations.

En effet, si l'on considère non plus seulement des organes ou des organismes particuliers, ou les caractéristiques d'espèces particulières, mais que l'on passe à un point de vue plus global de comparaisons entre espèces différentes, que ce soit à un moment donné - en synchronie - ou dans le cadre du processus évolutif - en diachronie -, on est conduit à prendre en compte d'autres types d'invariances et de symétries.

D'un point de vue évolutif, celles-ci sont principalement de deux types : celles qui résultent de l'évolution d'un même organe fondamental vers des organes de formes qui peuvent être très différentes et dont la parenté néanmoins est commune, et il s'agit alors entre eux de rapports d'*homologie*, et celles qui, par convergence, résultent de la transformation, sous les pressions de sélection, d'organes fondamentalement différents vers des formes semblables et à fonctions identiques, et il s'agit alors de rapports d'*analogie*.

D'un point de vue plus instantané et, géométriquement parlant, plus métrique, on aura pour des structures biologiques comparables des rapports d'*allométrie*, c'est-à-dire, en dernière analyse, des lois d'échelle correspondant à des invariances par dilatation.

Considérons pour commencer les homologies et analogies. On en trouve dans tout le vivant. Chez les plantes où se révèlent homologues les tubercules, vrilles, épines de tige, par exemple, et analogues les racines, tiges, feuilles en vrille. Chez les animaux où l'articulation des membres de vertébrés se retrouve homologiquement dans l'aileron du dauphin, les ailes des reptiles volants, des oiseaux, des chauves-souris, de même que sont homologues les pièces buccales des insectes ou encore le cerveau des vertébrés. Tandis que les analogies sont repérables entre les différents types d'organes excréteurs, entre les ailes d'oiseau et d'insectes, entre les pattes fouisseuses et en forme de pelle de la taupe et de la courtilière, ou encore entre le tubercule de la pomme de terre et celui du dahlia. Mais ces comparaisons et ces classifications ne se limitent pas à la mise en rapports d'organes et de fonctions, elles s'étendent aussi aux comportements. Ainsi il existe des mouvements homologues chez des espèces différentes de canards, de même que fréquemment, pour bien d'autres espèces, des suites comportementales homologues en ce qu'elles dérivent d'un comportement-type spécialisé originel. Parallèlement, bien des gestes, issus de convergences situationnelles, sont analogues entre de nombreuses espèces, comme, par exemple, des gestes d'apaisement devant des menaces d'agression. Quant à l'espèce humaine, la comparaison avec les animaux fait ressortir des ressemblances et dissemblances : comme pour les autres espèces, il existe des homologies associées à des acquis phylogénétiques d'informations stockées dans les gènes, de même que des analogies associées à des acquis ontogénétiques d'informations stockées dans le système nerveux central, mais il existe aussi des homologies de tradition où la mémoire remplace le patrimoine héréditaire comme lieu de stockage informationnel. Malgré son caractère exceptionnel, il faut néanmoins remarquer que ce type d'homologie par tradition ne semble pas complètement absent dans les autres espèces animales, comme en témoigne le comportement des macaques à face rouge du Japon ou la tradition du chant chez ces oiseaux d'Afrique appelés veuves.

Rappelons que ces caractéristiques nous intéressent particulièrement en ce qu'elles font apparaître des invariances interspécifiques, organiques, fonctionnelles, comportementales, par-delà la variabilité associée à l'évolution et aux différenciations du vivant, un peu de la même façon que des symétries géométriques ou de types plus abstraits révèlent des invariances dans la variété et la dispersion apparente des phénomènes physiques et vont jusqu'à les prescrire (alors que dans le cas de la biologie nous en restons encore au stade essentiellement descriptif).

Avec les propriétés d'allométrie (Thompson 1961, Gould 1966, West *et al.* 1997) et de scaling (Peters 1983, Schmidt-Nielsen 1984), nous ne nous situons plus dans le cadre d'invariances associées à la prégnance d'une forme, d'un organe ou d'un comportement typé originels dont on retrouverait les traces homologues dans ses variations évolutives, ou à la permanence de fonctions à remplir qui, par les pressions de sélection qu'elles exercent, régiraient la convergence vers des formes ou des comportements analogues. Il s'agit maintenant, à un instant donné de l'histoire évolutive, et toujours dans le cadre de comparaisons interspécifiques, de dégager et interpréter des invariances d'échelles, exprimées par des lois de scaling, entre des éléments communs à ces espèces et pertinents pour leur caractérisation (métabolismes, durées de vie, rythmes internes, ..., mais aussi rapports entre systèmes physiologiques, tels les systèmes nerveux, respiratoires ou vasculaires). D'une façon très générale, ces rapports allométriques s'expriment par des lois de puissance où la variable est la taille caractéristique de l'espèce considérée, mesurée le plus souvent par la masse moyenne de l'adulte, M, et donc de la forme :

$$Q = AM^k$$

Dans cette expression, Q représente la quantité considérée, pour une espèce dont la masse moyenne de l'adulte est M, A est une constante interspécifique caractéristique de cette quantité et k l'exposant d'échelle, interspécifique lui aussi et lui aussi caractéristique de la quantité prise en compte. Ainsi, en principe, relativement à de telles quantités, tout un ensemble d'espèces peut-il se trouver regroupé en une classe unique caractérisée par la série de ces quantités invariables que sont les grandeurs A et k. Les distinctions n'apparaissent que dans la prise en compte du paramètre M, qui distribue Q sur des tailles différentes, propres chacune à une espèce.

Prenons quelques exemples particulièrement significatifs. Tous les taux métaboliques scalent comme la puissance 3/4 de la masse, ce qui indique une stabilité structurelle forte du vivant dans la mobilisation de ses moyens de survie. De même, quelles que soient les espèces, tous les temps biologiques caractéristiques (durées de vie, de gestation, de maturation, périodes de respiration, de battements de cœur - quand cœur il y a, bien évidemment -) semblent bien "scaler" tous à la même puissance de la masse, à savoir k = 1/4. Ce trait a des conséquences fort intéressantes dans le cas des phénomènes périodiques de la physiologie. En particulier, par exemple, l'ensemble des mammifères (auxquels correspond, pour une fonction physiologique donnée, une seule et même constante A, ainsi que pour leur durée de vie) se trouve caractérisé par le même nombre total de respirations de leur vie (2.10^8 environ) ou de battements de cœur (8.10^8 environ), alors que les fréquences ou périodes correspondantes sont bien évidemment différentes pour chaque espèce. Ainsi, le passage de la singularité spécifique à la généralité s'accompagne ici du passage de grandeurs dimensionnelles à des nombres purs caractéristiques de la généralité ainsi construite, conséquence manifeste de l'invariance ainsi décelée.

Notons au passage qu'il existe d'autres propriétés de scaling conduisant à des relations allométriques que celles, interspécifiques et relatives à la variable de masse, que nous venons de considérer. Par exemple, au sein d'une même espèce, au cours de son développement, comme c'est le cas, par exemple, au cours de la croissance du rat (Burri 1977) pour le rapport entre l'aire capillaire pulmonaire totale ou celle de la surface alvéolaire et le volume du poumon, ou, pour le chien (Horsfield 1977), pour la croissance postnatale de son arbre bronchique. Mais dans ces derniers cas, et contrairement à ceux que nous avons examinés précédemment pour les rapports interspécifiques, on ne parvient pas à en dégager des invariances manifestes et donc les symétries par dilatation qui en résultent restent confinées à des descriptions morphologiques particulières, même si on peut les rapporter à des dynamiques morphogénétiques permettant de rendre compte de leur développement (Bailly *et al.* 1994).

Revenons maintenant aux principes que l'on peut éventuellement dégager de ces observations et de ces analyses : même si l'on constate que les redondances sont extrêmement fréquentes en biologie, il semble bien que certaines symétries répondent à des principes sinon d'économie, au moins d'*optimalisation*, comme en témoigne l'analyse que l'on peut faire de l'existence de structures géométriques fractales dans bien des organes engagés dans des fonctions physiologiques vitales et devant assurer la compatibilité entre trois nécessités qui peuvent apparaître contradictoires : assurer une efficacité et une souplesse de contrôle maximales (d'où la recherche d'interfaces actives très grandes ou de réseaux arborescents dont la surface de section terminale soit très élevée pour intéresser tout un volume), ne présenter néanmoins qu'un encombrement stérique acceptable (volumes sinon minimaux, du moins très limités) et se comporter comme de réels organes différenciés, c'est-à-dire présenter dans cette spatialité déterminée une homogénéité de structure et de fonctionnement qui les individualise de façon non ambiguë.

Dans d'autres cas, il semble, par exemple en ce qui concerne les symétries de périodicité temporelles mais parfois aussi dans des agencements spatiaux, que se manifestent des principes de *synchronisation* (spatio-temporelle, donc) qui permettent la régulation et l'intégration de structures différenciées et de niveaux d'organisation distincts dans un tout suffisamment pérenne pour pouvoir survivre et se reproduire. Ces effets dérivent sans doute de l'histoire évolutive des espèces et nombre d'entre eux doivent être associés aux homologies constatées qui traduisent, avons-nous vu, une invariance dont l'origine est à trouver dans l'existence de formes originelles à des formes dérivées.

Ces principes ne sont manifestement pas arbitraires, ils proviennent sans doute de réponses évolutives en termes d'adaptation à des pressions de sélection environnementales ou fonctionnelles ; ce qui fait qu'on ne peut en général pas les dissocier des conditions d'apparition des structures auxquelles ils s'appliquent et des transformations qu'ont pu leur faire subir les modifications historiques des environnements auxquelles elles ont été exposées. Mais ils viennent aussi vraisemblablement de tendances internes, plus locales certes mais pas moins importantes, du fait que les systèmes vivants présentent aussi, à certains niveaux, des aspects physico-chimiques régis pour leur part par les lois et principes de la physique, comme les modélisations locales au moyen de systèmes dynamiques non linéaires le montrent clairement.

4.4. COMMENTAIRES SUR LES RAPPORTS ENTRE INVARIANCES ET CONDITIONS DE POSSIBILITE DU VIVANT

Après ces quelques descriptions et discussions des symétries les plus fréquemment rencontrées en biologie et des principes régulateurs auxquels elles pouvaient renvoyer, nous voudrions orienter la réflexion sur la spécificité du biologique par rapport au physique en matière d'invariances, de symétries et des significations épistémologiques que l'on peut leur conférer dans la constitution et le développement de cette discipline.

Empiriquement, nous avons constaté, au fil de cette brève exploration des symétries qui s'y manifestaient, que le vivant se trouvait caractérisé par des déterminations fort différentes entre elles et qui se révélaient néanmoins toutes nécessaires. Si nous tentons d'en esquisser une classification sommaire, nous pouvons dire que tout organisme vivant est caractérisé d'un point de vue *topologique* par la distinction entre un intérieur et un extérieur, ce qui permet de définir une individuation spatiale, d'un point de vue *énergétique*, par l'existence d'un métabolisme régulant ses échanges par des flux entre intérieur et extérieur, d'un point de vue *informationnel* par une expression génétique se traduisant morphologiquement et fonctionnellement par une structuration en niveaux d'organisation[16] assurant à la fois

[16] Nous prenons ici le terme de *niveau d'organisation* dans un sens fort et non métaphorique, répondant à une double détermination (Bailly 1991) : le changement de niveau d'organisation doit s'accompagner, d'une part, de la divergence (passage à la limite

régulation (activité principalement de type top/down) et intégration (activité orientée principalement dans le sens bottom/up) et enfin d'un point de vue *"identitaire"* par une capacité de reproduction correspondant à la transmission de cette information génétique et de l'aptitude à l'adaptation évolutive qu'elle comporte, tout en mentionnant cette invariance extraordinaire, au cours du temps et entre les différentes espèces, que constitue l'universalité stable du code génétique lui-même. Ces aspects peuvent ou non avoir des répondants dans le domaine de la physique : ainsi, la distinction intérieur/extérieur n'est nullement nécessaire à la caractérisation d'un objet physique, même si ces déterminations peuvent se révéler pertinentes pour définir des systèmes physiques ; en revanche la question des échanges énergétiques est commune quoique fortement nuancée par le fait que l'individuation biologique n'y a pas de signification, etc. (ce n'est pas le lieu ici de détailler davantage les comparaisons épistémiques entre systèmes physiques et organismes biologiques, même si l'on peut trouver, par exemple, dans l'invariance génétique, une sorte de pendant à l'universalité des lois et des objets de la physique, universalité que ne respectent pas nécessairement les lois spécifiquement biologiques qui s'imposent aux objets biologiques).

Si en outre nous nous intéressons aux conditions de possibilité semi-empiriques de l'existence de tels objets biologiques, nous constatons que, d'un point de vue spatial, il semble bien que l'espace de plongement doive être tridimensionnel, que, du point de vue temporel, il

---

infinie) d'une grandeur intensive contribuant à caractériser le niveau de départ et, d'autre part, d'un changement de l'objet pertinent pris en considération par la théorie ou l'expérience (façon d'exprimer que, de ce point de vue, la composition extensionnelle des éléments à un niveau ne suffit pas à caractériser à la fois la nature et le comportement de l'objet pris en compte au niveau supérieur).

faille articuler deux types très distincts de temporalité et que, du point de vue structurel intrinsèque abstrait, il faille que puisse se constituer une hiérarchie fonctionnelle de niveaux d'organisation. Nous ne reviendrons pas sur ce dernier point que nous venons d'envisager, quoique sous un angle un peu différent il y a un instant, et nous nous limiterons à une brève discussion des deux autres aspects.

Quant au premier aspect, pourrait-on concevoir une biologie qui ne se constituerait pas dans un espace de plongement à trois dimensions (comme on peut avoir des physiques uni- ou bi-dimensionnelles par exemple) ? Cette question renvoie aux contraintes d'organisation et à la nécessité d'articuler le local et le global, le tout et les parties. En effet, il est techniquement nécessaire de coupler, de façon non seulement compatible, mais aussi coopérative, une homogénité globale (individuante) et des distinctions locales (fonctionnelles), et, dans ce but, d'assurer des connexités élevées tout en évitant les confusions et mélanges. Ce qui, réactivant les considérations de dimensionnalité associées aux phénomènes critiques (Commentaire 3.5.C.5.), peut conduire au raisonnement *a posteriori* suivant :

*si la dimension de l'espace (d) est plus petite que trois, on manque d'homogénéité et de connexité, car d'une part les voisinages entre éléments sont trop peu nombreux (4 plus proches voisins seulement dans un réseau carré par exemple) et, de plus, les voies de communication indépendantes doivent être trop restreintes ou trop compliquées pour ne pas risquer de se couper et de se mélanger ; la situation peut être considérée comme non fonctionnelle, par excès de différenciation et par la nécessité d'une trop grande complexité structurelle ;

*si au contraire d > 3, on se trouve dans une situation inverse : connexité et homogénéité sont trop importantes pour préserver une différenciation locale suffisante, faisant appel à des structures élaborées gouvernant les transports et les échanges, assurant les fonctions globales et régulant les situations locales ; par exemple en physique, les théories de champ moyen sont exactes à partir de d = 4, ce qui peut s'interpréter en disant qu'il n'apparaît aucune nécessité de distinctions et de discriminations entre structures, pour assurer une globalité à partir d'interactions locales. La situation est cette fois non fonctionnelle par excès d'homogénéité et manque de différenciation structurelle ;

*si enfin d = 3, on peut espérer allier une connexité globale (à peine) suffisante pour coordonner une hétérogénéité (énormément) différenciante, quitte à recourir, pour l'articulation entre structures et fonctions, à ces géométries un peu particulières que sont les géométries fractales que nous venons de mentionner.

Quant au second aspect, nous avons déjà vu que le temps ne joue pas toujours en biologie le même rôle qu'en physique. Notamment du fait qu'il faut distinguer une temporalité interne et une temporalité externe à l'individu. Du point de vue interne, la temporalité biologique engage principalement des processus périodiques autonomes et ne fait pas vraiment appel à une dimensionnalité proprement physique ; les rythmes biologiquement pertinents, gouvernés par diverses horloges biologiques (Glass *et al.* 1988), se manifestent essentiellement comme des nombres sans dimension (comme le nombre de cycles respiratoires d'une vie de mammifère ou le nombre correspondant de battements de cœur). Il en résulte que la temporalité physique (que mesurent en l'occurrence les fréquences) peut bien varier d'une espèce à l'autre, néanmoins le fond biologique demeure invariant : il y a, avons-nous vu, approximativement le même nombre absolu de cycles d'une espèce de mammifère à une autre (de la souris à l'éléphant). Il en résulte que sous le rapport de ce genre de temps physiologiques propres, tous les mammifères sont représentés par un seul et même organisme vivant abstrait, caractérisé par les nombres purs correspondants. La diversification interspécifique provient alors exclusivement du paramètre (plus ou moins "accidentel") que constitue la masse moyenne de l'espèce considérée.

Mais, du point de vue externe, du fait qu'un organisme biologique n'est pas seulement un être individué relativement à ses cycles internes (qui correspondent aux fonctions physiologiques par exemple), et qu'il est aussi en relation très étroite avec un environnement extérieur dont la temporalité est radicalement distincte et fortement indépendante de la sienne (bien qu'il ait eu à s'y adapter pour survivre) et à laquelle il doit répondre en fonction des stimuli effectivement perçus, cet organisme, donc, présente un second type de temporalité. Ce temps, plus classique, est principalement celui des fonctions de relations et il régit les rapports entre l'individu et son milieu extérieur ; il apparaît comme essentiellement apériodique, constitué principalement de modes d'excitation et de relaxation et c'est à l'organisme lui-même, pris comme individu dans son environnement, qu'il revient d'assurer la compatibilité et la coordination de ces deux temporalités.

Il semble bien que ce soit en rapport avec toutes ces déterminations et toutes ces contraintes que se manifestent les symétries et invariances les plus importantes du vivant, quelle que soit la variété de leurs réalisations effectives.

A l'issue de cette brève enquête, nous relevons que les termes de symétrie et d'invariances en biologie revêtent des sens parents de ceux qui prévalent en physique, sans pourtant toujours s'y réduire. En effet, si fréquemment ces propriétés sont rapportées à et s'expriment dans notre espace-temps (aspects géométriques, périodicités temporelles), elles correspondent tout aussi fréquemment à des approches bien plus abstraites induisant le recours à des espaces internes qui, par contraste avec ce qui se passe dans les espaces internes abstraits de la physique, demeurent encore largement sous-déterminés. C'est le cas, par exemple, de la symétrie par invariance du patrimoine génétique de l'espèce d'une génération à une autre malgré ses variations individuelles, de l'invariance concomitante de grands plans d'organisation, ou de système fonctionnel, voire de comportements individuels ou sociaux comme le montrent les études d'éthologie. A un niveau plus profond encore, c'est aussi le cas pour le code génétique lui-même qui, par delà la variété de ses expressions spécifiques, semble constituer un (quasi)invariant fondamental pour le vivant dans son ensemble.

Complémentairement, nous avons à plusieurs reprises relevé l'importance des brisures de symétrie en biologie, qu'il s'agisse de constater l'activité biologique différenciée (métabolique, enzymatique,...) de molécules présentant des configurations gauche ou droite (sucres, protéines,...) ou, à un niveau d'organisation très différent, du caractère irréversible du développement et du vieillissement des organismes. Au point que bien des auteurs ont pu se poser la question d'un rapport intrinsèque entre l'existence du vivant et celle de certaines brisures de symétries fondamentales, spatiales parfois (en rapport avec l'organisation et sa structuration en niveaux), mais surtout temporelles (à l'échelle de l'individu - développement puis vieillissement - comme à l'échelle globale - évolution -).

REFERENCES DE LA VARIATION 4

F. BAILLY, *Niveaux d'organisation, changements de niveaux, finalité*, Philosophica, **47**, p.31, 1991

F. BAILLY, F. GAILL et R. MOSSERI, *Morphogenèse et croissance biologique : un modèle* dynamique *simple pour le poumon*, in : La biologie théorique à Solignac (H. Vérine Ed.), Polytechnica 1994

Y. BOULIGAND, *La morphogenèse : de la biologie aux mathématiques*, Maloine 1980

P. H. BURRI ; J. DBALY and E.R. WEIBEL, *The Postnatal Growth of the Rat Lung*, Anat. Rec., **178**, p.711, 1977

P. CHOSSAT, *Les symétries brisées*, Pour la Science 1996

J. J. COLLINS and I. Stewart, *Coupled Nonlinear Oscillators and the Symmetry of Animal Gaits*, Journ. Nonlin. Sc., **3**, 1993

F. GAILL et R. MOSSERI, *Ordre quasicristallin dans les matrices extracellulaires*, Acta Bioth., **40**, p.261, 1992

L. GLASS and M.C. MACKEY, *From Clocks to Chaos. The Rhythms of Life*, Princeton Univ. Press 1988

S. J. GOULD, *Allometry and Size in Ontogeny and Phylogeny*, Biol. Rev., **41**, p.587, 1966

R. HORSFIELD, *Postnatal Growth of the Dog's Bronchial Tree*, Resp. Physiol. **29**, p.185, 1977

S. A. KAUFFMAN, *The Origins of Order*, Oxford Univ. Press 1993

D. K. KONDEPUDI and I. PRIGOGINE, *Sensitivity of Nonequilibrium Systems*, Physica, **107A**, p.1, 1981

R. MAY, *Chaos and the Dynamics of Biological Populations*, Proc. Royal Soc. Lond., **A 413**, p.27, 1987

R. H. PETERS, *The Ecological Implication of Body Size*, Cambridge Univ. Press 1983

K. SCHMIDT-NIELSEN, *Scaling*, Cambridge Univ. Press 1984

W. d'A. THOMPSON, *On Growth and Form*, Cambridge Univ. Press 1961

C. VIDAL et H. LEMARCHAND, *La réaction créatrice. Dynamique des systèmes chimiques*, Hermann 1988

G. VOGEL et H. ANGERMANN, *Atlas de la biologie*, Le Livre de Poche, LGF 1994

G. B. WEST, J.H. BROWN and B.J. ENQUIST, *A General Model for the Origin of Allometric Scaling Laws in Biology*, Science, **276**, p.122, 1997

H. WEYL, *Symétrie et mathématique moderne*, Flammarion 1964

VARIATION 5

LA SYMETRIE COMME OUTIL DE RAISONNEMENT ET DE CALCUL

5.1. INTRODUCTION. EXEMPLE

Dans toutes les Variations précédentes, nous avons en quelque sorte considéré les symétries pour elles-mêmes ; pour ainsi dire comme des *objets*, abstraits (groupes, changements de jauge, etc.) ou plus concrets (propriétés spécifiques attachées à certains objets ou à certaines structures) et même si, parfois, nous avons recouru à des formes de raisonnements "par symétrie", nous n'avons pas réellement considéré les symétries en tant que participant essentiellement de tels modes de raisonnement. C'est donc à cette question que sera consacrée la présente Variation, qu'il s'agisse de présenter explicitement des raisonnements par symétries ou de révéler le rôle que des considérations de symétrie jouent implicitement dans bien des analyses ou des démarches de résolution de problèmes.

A titre d'exemple introductif, considérons le problème suivant : un fermier habitant au point A doit aller abreuver sa vache située au point B en passant par le ruisseau représenté par la droite D où il va chercher de l'eau ; en quel point C du ruisseau doit-il puiser cette eau pour minimiser la longueur du trajet total qu'il aura à effectuer ? Comme il s'agit d'un problème d'optimalisation, on peut certes formuler analytiquement le problème : écrire les équations de sa trajectoire et, par un calcul variationnel, trouver son minimum. Mais on peut aussi s'économiser des calculs fastidieux en explicitant certains principes sous-jacents aux données et utiliser les symétries intéressantes du problème : d'abord le principe de base selon lequel, dans le plan euclidien, le plus court chemin d'un point à un autre est un segment de droite, ensuite la remarque selon laquelle la droite D figurant le ruisseau est un axe de symétrie du problème, si l'on fait abstraction de B et si l'on construit l'"image" A' de A par rapport à cet axe. Dès lors il suffit de tracer la droite A'B et de définir ainsi le point C d'intersection avec la ligne D pour avoir résolu le problème (qui se révèle ainsi appartenir à la classe des problèmes classiques d'optique géométrique - réflexion dans un miroir plan -). La simplicité de la méthode utilisée masque l'importance des implicites : d'où vient l'idée de construire le symétrique de A par rapport à D ? D'où vient l'évidence que le chemin AC doit être l'image du chemin A'C ? En fait, le raisonnement s'appuie sans doute sur cette évidence que la solution doit être la même que celle qui consisterait à devoir aller de B à A avec les mêmes contraintes, c'est-à-dire que le trajet aller (ACB) doit être identique au trajet inverse (BCA). Dès lors, ce trajet unique doit présenter une forme de singularité (qui d'ailleurs, d'un point de vue métrique explicite, correspond à la criticité associée à la minimisation demandée). Or, les deux triangles AOC et CBI, qui ont déjà un angle droit en commun, mais qui restent *a priori* quelconques, ne se singularisent qu'en devenant semblables, ce qui caractérise le point C de façon unique (et ce que manifeste la construction du triangle symétrique OA'C). Ce qui permet aussi de définir métriquement ce point par simple application d'un des plus anciens théorèmes de géométrie, le théorème de Thalès.

5.2. SYMETRIES ET MODES DE RAISONNEMENTS EN MATHEMATIQUES ET EN LOGIQUE

Comme nous venons de le voir dans l'exemple précédent, les raisonnements utilisés en mathématiques font souvent appel, même si cela n'est parfois qu'implicitement, à des propriétés ou des arguments de symétrie. Le domaine des mathématiques où se sont manifestés le plus anciennement de tels recours à des raisonnements par symétrie, est évidemment la géométrie : soit que les figures examinées présentassent elles-mêmes des symétries intrinsèques, soit que des constructions adéquates en fissent surgir, dont l'utilisation se révélait pertinente pour la résolution de problèmes ou la détermination de propriétés. A l'analyse, l'importance de ces symétries manifestes ou cachées tient au fait qu'elles apparaissent comme les traces "sensibles" de propriétés d'invariances attachées aux problèmes et figures et comme ce sont ces invariances qui constituent la plus grande part des structures significatives des données de ces problèmes ou des constructions de ces figures, les raisonnements qui, explicitement ou implicitement, s'appuient sur elles ou sur leurs conséquences ont alors toutes les chances de se montrer particulièrement adéquats pour traiter les problèmes correspondants ou, au moins, pour en proposer des analyses pertinentes. On notera d'ailleurs que, tout en restant dans la géométrie, des subtilités interviennent très vite relativement aux compositions de transformations que l'on peut faire subir à des figures. Ainsi, si les rotations dans le plan forment un groupe commutatif (invariance sous le changement de l'ordre des rotations), en revanche, dans l'espace à trois dimensions le groupe des rotations n'est plus commutatif : le résultat obtenu dépend de l'ordre des opérations. Mieux : comme nous l'avons vu dès la Variation 2, ce groupe n'est plus simplement connexe.

Mais l'usage et l'efficacité des raisonnements par symétrie ne se limitent pas, et de loin, au domaine de la géométrie : déjà, nous avons indiqué que les symétries par permutations relativement aux solutions des équations algébriques ont joué un rôle essentiel dans les origines de la théorie des groupes et que les algèbres de groupe ne sont que des façons de formaliser les symétries et invariances de structures mathématiques ou physiques. En fait, dès le stade des opérations élémentaires de l'arithmétique (addition et multiplication), se manifestent des propriétés de cette nature avec le caractère commutatif de ces opérations. De même, des brisures de symétrie correspondantes deviennent patentes avec la non-commutativité des opérations arithmétiques dérivées que sont la soustraction et la division. Mais l'extension des corps de nombres aux matrices par exemple rend la multiplication elle-même non nécessairement commutative, introduisant une brisure de symétrie jusque dans cette opération élémentaire, du fait de la nature nouvelle des objets qui s'y trouvent désormais soumis. Il en va de même, comme nous l'avons noté aux Variations 2 et 3, de l'algèbre des variables de Grassmann qui répondent à des propriétés d'anticommutativité, cette fois.

Le domaine de l'analyse offre également un vaste champ d'applications des raisonnements par symétrie, qu'il s'agisse de l'utilisation dans les calculs des propriétés de parité de certaines fonctions (on se souvient par exemple, par-delà le calcul de certaines intégrales - par exemple l'intégrale entre deux bornes opposées d'une fonction impaire dans la variable s'annule sans qu'on ait besoin de procéder à un calcul explicite -, de l'usage qu'on en fait dans la détermination des fonctions d'onde de quantons et de leurs propriétés statistiques) ou des propriétés d'homogénéité de certaines autres (rappelons ici, notamment, les propriétés de scaling qui en résultent et l'utilisation que l'on peut en faire dans l'évaluation de certains exposants critiques). En fait, les propriétés de régularité de bien des fonctions correspondent fréquemment, quoiqu'implicitement le plus souvent, à de telles symétries. Ainsi, le passage du local au global qu'autorise un développement de Taylor, voire l'application de la méthode du prolongement analytique, renvoient à des formes de stabilité des fonctions auxquelles on peut les appliquer et ces stabilités elles-mêmes, en ce qu'elles ne comportent pas (ou peu) de singularités, manifestent des formes profondes d'invariances structurelles (que peuvent traduire, par exemple, les annulations des intégrales de Cauchy correspondantes). Ce sont de telles régularités qui permettent par exemple d'engendrer le groupe des difféomorphismes qui joue, avons-nous vu, un rôle si important au fondement de la relativité générale. L'absence de ces régularités modifie profondément le paysage conceptuel qui leur est attaché et remet en cause bien des méthodes qu'elles autorisent. On peut en trouver une illustration éclairante en considérant une situation particulière où une procédure inductive classique, l'interpolation, se trouve de fait mise en échec par la nature théorique de l'objet sur lequel on veut l'appliquer. En effet, l'induction généralisante ne marche pas dans le cas où l'on voudrait opérer par interpolation sur un graphe continu de dimension fractale dont on ne connaîtrait que des points particuliers (même en grand nombre). Ce n'est bien sûr pas parce que le nombre de points situés entre eux est infini : il en va de même pour n'importe quel graphe continu régulier sur lequel l'interpolation se révèle efficace. C'est bien plutôt parce que le nombre de "variations" du graphe (ses oscillations), de bornes non définies, est lui aussi infini entre deux points, et ce, quelle que soit la distance finie, si petite soit elle, qui sépare ces deux points. Ce que l'on énonce en disant que le graphe, bien que continu, n'est nulle part dérivable. En fait, l'induction généralisante mise en œuvre dans l'interpolation suppose implicitement que l'on puisse répertorier de façon régulière quelque élément de non-localité des propriétés du graphe[17]. Recourir à l'interpolation revient donc à poser un postulat "ontologique" à propos de l'objet considéré, c'est lui donner une interprétation *a priori* dont l'expérience montre en l'espèce qu'elle n'est pas fondée. En revanche, la formalisation adéquate d'une telle situation, si elle s'abstrait dans un premier temps des procédures effectives habituelles, permet d'emblée de poser les propriétés de l'objet, de sorte que ce sont les procédures de mesure elles-mêmes qui se trouvent devoir être examinées pour être validées ou non, conduisant, dans un second temps, à la possibilité de définir, par exemple, mais dans un sens assez différent du sens originaire, ce que l'on appelle une interpolation fractale (Tricot 1993). C'est désormais l'origine même du graphe qui se trouve soumise à interprétation (s'agit-il d'un phénomène aléatoire de bruit, de l'expression d'un chaos déterministe ?) et non sa nature (fractale), encore que cette nature ouvre le champ à des investigations nouvelles, y compris du point de vue observationnel et expérimental (détermination de la dimension du graphe, de ses entropies, etc.), mais l'important, ici, est que ces investigations se situent dans un cadre de référence profondément modifié par la caractérisation formelle de l'objet.

Dans un registre un peu différent, qui prend en compte cette fois des symétries de répétitions à travers des propriétés de périodicité, l'analyse de Fourier, par-delà le

---

[17]Par exemple, par des prolongements de proche en proche, grâce à un développement de Taylor, qui fait intervenir les dérivées successives de la fonction que représente le graphe, et qu'interdit évidemment la non-dérivabilité inhérente au fractal considéré.

rôle historique qu'elle a pu jouer tant dans la résolution d'équations aux dérivées partielles que, pour Cantor, dans les prémisses de la théorie des ensembles et du transfini, s'est révélée extrêmement efficace comme méthode de traitement du signal. Associée à la prise en compte de symétries de dilatation, elle a pu acquérir une capacité d'analyse spatiale localisée dans l'analyse par ondelettes, dont l'usage est actuellement encore en plein développement (Meyer 1992).

Il n'est jusqu'au domaine de la théorie des statistiques et probabilités qui, comme B. van Fraassen l'a clairement montré (van Fraassen 1994), ne mobilise implicitement (pour lever certaines ambiguïtés associées à l'usage du principe dit d'"indifférence" notamment) les propriétés de symétrie des problèmes dans lesquels elle s'applique. Ce sont d'ailleurs fréquemment des arguments de symétrie qui permettent d'éclairer certaines controverses, voire de résoudre certains paradoxes statistiques, tels les paradoxes de Bertrand, dont nous allons examiner rapidement un exemple très simple à titre d'illustration.

Rappelons pour commencer que la probabilité d'advenue d'un événement donné parmi un ensemble d'événements possibles est mesurée par le rapport du nombre de cas favorables au nombre total de cas possibles. Considérons maintenant des cubes fabriqués par une usine en sorte que leur arête soit aléatoirement comprise entre 1 et 3 (l'unité important peu). Si l'on se pose la question de savoir quelle est la probabilité pour qu'un cube pris au hasard ait une arête plus petite ou égale à 2, on trouvera évidemment, compte tenu du principe d'indifférence - qui en l'absence de toute contrainte particulière considère que la distribution doit être uniforme -, une chance sur deux, soit 1/2. Mais si nous nous intéressons à l'aire d'un des côtés du cube (comprise donc entre 1 et 9), sa probabilité d'être inférieure ou égale à 4 ne sera, en appliquant le même principe, que de 3/8. Et si nous considérons le volume (compris cette fois entre 1 et 27), sa probabilité de le trouver inférieur ou égal à 8 ne sera plus que de 7/26. Pourtant, l'arête 2 implique sans ambiguïté une face d'aire 4 et un volume de 8 et l'on devrait trouver la même probabilité en considérant une, deux ou trois dimensions. Telle est (grossièrement exposée) la teneur du paradoxe. Sa solution nécessite que l'on prenne conscience que l'on a en fait appliqué le principe d'indifférence en supposant (sans l'expliciter) une invariance du problème par translation (une symétrie de translation), puisque la mesure que nous avons utilisée n'est autre que la différence entre les extrémités pertinentes : si a est la plus petite longueur, b la plus grande et c la longueur intermédiaire, nous avons considéré successivement b-a, c-a et enfin le rapport (b-a)/(c-a). Nous avons fait de même pour les aires et les volumes, mais l'on n'a pas $(c^3-a^3)/(b^3-a^3)$ égal à $(c^2-a^2)/(b^2-a^2)$, ni aucun de ces rapports égal à (b-a)/(c-a). En fait, cela est dû à ce que la symétrie du problème n'est pas une symétrie de translation, mais une symétrie d'échelle (de dilatation en quelque sorte) et la mesure adéquate dans ce cas est une mesure qui n'est plus linéaire mais logarithmique. On vérifie bien alors que l'on a :

$$\text{Log}2/\text{Log}3 = \text{Log}4/\text{Log}9 = \text{Log}\,8/\text{Log}27$$

ou, plus généralement :

$$\text{Log}(b/a)/\text{Log}(c/a) = \text{Log}(b/a)^2/\text{Log}(c/a)^2 = \text{Log}(b/a)^3/\text{Log}(c/a)^3$$

D'où il ressort que seule la prise en compte des symétries pertinentes pour déterminer la mesure adaptée permet de lever le paradoxe.

Pour passer à des domaines plus formels encore, dans le secteur de l'axiomatique elle-même, on peut déceler le jeu de certaines symétries. Ainsi, par exemple, le schéma d'axiome d'induction dans l'arithmétique de Peano en logique du premier ordre manifeste-t-il l'hypothèse d'une symétrie de translation (ou de répétition de période 1) pour conclure à une propriété universelle $((P(n) \rightarrow P(n+1)\&P(0)) \rightarrow xP(x))$. Ce qui s'étend (non sans discussions d'ailleurs - voir Kreisel, par exemple -) à la mise en œuvre de l'induction transfinie. C'est ainsi le recours aux principes et démonstrations par récurrence qui s'en trouve fondé. De même, dans un tout autre secteur, celui de la logique, dans lequel nous n'entrerons pas longuement puisque nous nous réservons de le détailler dans la prochaine Variation (Variation 6), la caractérisation axiomatique de la relation logique d'équivalence inclut-elle la propriété de symétrie ($aRb \rightarrow bRa$), tandis que la caractérisation de la relation d'ordre consiste précisément à recourir à la même axiomatique tout en brisant cette symétrie.

En théorie des modèles, d'autre part, et par rapport aux propriétés d'invariances à isomorphies près de ces modèles, on sait que les propriétés de non-catégoricité en logique des prédicats du premier ordre ou d'incomplétude, au second ordre, engendrent l'existence de modèles non standard, manifestant ainsi la variabilité sémantique malgré la détermination syntaxique. Que la donnée d'une syntaxe conduise à une sous-détermination des modèles correspondants, c'est-à-dire que tous les modèles qui y répondent ne soient pas isomorphes entre eux, cela révèle une situation que l'on peut interpréter comme une brisure de la symétrie qui aurait été associée aux bijections s'il en avait été autrement. Outre l'utilisation des aspects techniques associés à ces propriétés (analyse non standard, par exemple - voir (Robinson 1980) et (Nelson 1977), par exemple -), bien des philosophes de la logique et des mathématiques s'y sont référés pour argumenter sur l'insuffisance d'un formalisme purement syntaxique dans la détermination univoque des univers théoriques ((Petitot 1989), (Salanskis 1991), etc.).

Enfin, et pour en rester à la question des modes de raisonnements, il apparaît ainsi que dans ces domaines d'objets abstraits et formels que sont les mathématiques et la logique, les raisonnements par symétrie (ou la considération technique ou philosophique des brisures de symétrie pertinentes) ne ressortissent en fait à aucun des genres répertoriés de raisonnements classiques (déduction, induction, abduction, syllogismes et *modus ponens* ou *modus tollens*) ; tout au plus peut-on considérer que l'on accède à la caractérisation systématique des symétries significatives par des raisonnements de type abductif (qui des cas et des règles concluent aux principes) et qu'ensuite, dans le traitement effectif des problèmes, on utilise, à partir de ces caractérisations, des raisonnements déductifs (qui des principes et règles concluent aux cas). Mais l'usage intuitif des symétries, voire leurs recherches systématiques, relèvent plutôt de l'élucidation des invariances formelles que comportent structurellement les problèmes en vue de réduire le champ de leurs possibles déterminations, c'est-à-dire de les réduire à leur squelette théoriquement significatif (indépendamment des variabilités de "circonstances" ou des spécificités occasionnelles) ; à ce qui fait ce qu'on pourrait appeler leur *identité formelle* profonde, débarrassée de leurs apparences particulières.

5.3. LE CAS DES RAISONNEMENTS EN PHYSIQUE ET EN CHIMIE

Dans le cas de la physique, l'exemple le plus manifeste du rôle des symétries dans les raisonnements a été illustré par la discussion autour de la prise en considération générale et de l'application du principe de Curie à des cas concrets tels que nous les avons considérés dans la Variation 1 avec leurs subtilités éventuelles. En rappelant que nous avons tenté d'en évaluer les conséquences conceptuelles et les effets sur les modes de raisonnements dans le domaine de la causalité physique, ainsi que relativement aux obstacles qu'il pouvait rencontrer dans les situations critiques et les possibles généralisations auxquelles il pouvait alors se prêter.

Mais il est évidemment bien d'autres domaines de la physique où le raisonnement par symétrie joue un rôle déterminant. Ainsi en va-t-il, par exemple, de l'optique géométrique et du mode de construction des images, ou encore des propriétés mécaniques des matériaux - des cristaux notamment - avec la détermination du nombre des constantes élastiques indépendantes en fonction des propriétés d'isotropie ou d'anisotropie de ces matériaux et des symétries associées aux arrangements atomiques qui les constituent. De même, en théorie quantique des particules élémentaires, la construction de lagrangiens phénoménologiques fait largement appel au raisonnement par symétrie pour réduire le nombre des termes acceptables et de constantes nécessaires pour modéliser les phénomènes étudiés. Et ce sont aussi de tels raisonnements qui permettent de prévoir, parfois, d'interpréter et de classer - au moyen de la théorie des groupes car, de fait, comme nous n'avons cessé de le souligner, la majeure partie de ces raisonnements fait appel plus ou moins directement à des applications de la théorie des groupes qui rassemble, unifie et synthétise la plupart de ces approches - les données spectroscopiques obtenues en physique ou en chimie. Et, pour en rester un instant dans le domaine de la chimie, relevons aussi le rôle implicite des symétries dans le raisonnement de Pasteur sur les mélanges racémiques de tartrates lévo- et dextrogyres relativement au plan de polarisation de la lumière, ou encore le rôle qu'a pu jouer l'intuition des symétries dans les raisonnements qui ont permis la détermination de bien des structures moléculaires, du benzène, jadis, aux très modernes fullerènes, voire aux quasicristaux.

Mais, bien entendu, c'est dans la recherche et la détermination des invariances associées à des systèmes physiques que ce type de raisonnement, visant à dégager l'essence structurelle de ces systèmes, se révèle le plus adapté et efficace. Qu'il s'agisse de considérer des invariances dans l'approche empirique des phénomènes ou dans leur détermination théorique (dont relève par exemple la prise en compte du théorème de Noether), ou encore, illustration supplémentaire propre à la physique, la portée et l'efficacité dans certains problèmes de l'analyse dimensionnelle (dans les situations d'invariance d'échelle - de scaling - notamment, mais aussi dans bien des approches *a priori* visant à limiter le nombre de variables pertinentes ou à caractériser leur nature). C'est en effet une spécificité de la physique, par contraste d'un côté avec les mathématiques qui n'en ont pas l'usage et de l'autre avec la biologie qui n'en a pas encore trouvé des bases qui lui seraient propres, que de travailler avec des quantités et variables pourvues de dimensionnalité (et ce, même dans les cas où l'on utilise des variables réduites sans dimension pour faciliter les calculs du fait que l'on est conduit, pour les interprétations physiques des résultats obtenus et *a fortiori* pour les appliquer à des situations concrètes, à revenir aux variables dimensionnelles). Or, ces propriétés de dimensionnalité entraînent des contraintes d'homogénéité pour les équations que l'on est amené à établir et à étudier, contraintes dont l'effet est de réduire considérablement le nombre de possibilités pour la formulation de lois physiques, exactement comme dans le cas où s'exercent explicitement des contraintes de symétries de nature beaucoup plus "géométrique".

5.4. QUELQUES CAS DE RAISONNEMENTS PAR SYMETRIE EN BIOLOGIE

Malgré le fait que la biologie reste encore relativement peu mathématisée (et par là échappe à bien des approches formelles et systématiques), les raisonnements qui s'appuient sur l'existence de symétries exactes ou approchées y sont très présents à différents niveaux d'analyse. Nous avons évoqué dans la Variation 1 l'existence de symétries bilatérales dans bien des organismes, notamment chez les vertébrés, ou encore de symétries locales de translation (par répétition spatiale) conduisant à des métaméries, ainsi que la présence de brisures de symétrie dorso-ventrale et même des symétries par dilatation dans les organes présentant des dimensions fractales (telles certaines membranes d'interface physiologiquement actives ou tels des réseaux arborescents comme les systèmes nerveux ou vasculaires). Nous avons également évoqué l'existence de symétries plus étendues chez des organismes vivant dans certains milieux, comme le milieu aquatique, où la gravité est beaucoup moins sensible que dans le milieu terrestre ou aérien où elle entraîne des brisures de symétries haut/bas, ce qui peut contribuer à la compréhension de certaines adaptations morphologiques lors de la colonisation du milieu terrestre par des animaux originairement aquatiques. Mais c'est surtout dans les premières classifications et taxonomies naturalistes (depuis Aristote[18]

[18] Voir en particulier l'usage théorique que fait R. Thom de la distinction aristotélicienne entre homéomères et anhoméomères, par exemple (Thom 1989).

et jusqu'à Linné, Geoffroy Saint-Hilaire, etc.) que les raisonnements par symétrie ont commencé à trouver une place de plus en plus opératoire en biologie. Ainsi, et pour en rester un instant à ces activités classificatoires, mentionnera-t-on la possibilité de classer des organes ou des systèmes homologiques en séries phylogénétiques, dans le cadre de la théorie darwinienne de l'évolution, en allant du plus simple au plus compliqué, comme par exemple pour le système nerveux central des invertébrés et des vertébrés, ou pour la circulation et le coeur, ou encore pour la vessie natatoire et les poumons des vertébrés. Plus encore : le classement des groupes naturels suppose de pouvoir reconnaître non seulement les homologies comme des similitudes phylogénétiques, mais encore, comme le souligne Darwin lui-même, de relier les analogies à des similitudes acquises par des pressions de sélection identiques conduisant à des formes similaires mais sans parenté commune.

En même temps, la recherche d'explications relatives à l'existence de certaines régularités observées sur des structures biologiques (implantation de feuilles sur des tiges suivant la progression de suites de Fibonnaci en phyllotaxie, développements en spirales de coquilles d'organismes marins ou terrestres, organisations hélicoïdales de macromolécules de collagène conduisant à des coupes présentant des caractères de quasi-périodicité (Gaill *et al.* 1992), dimensions fractales attachées à certains tissus ou organes (Bailly *et al.* 1988), voire à certains sites biologiquement actifs de protéines (Lewis *et al.* 1985), etc.), cette recherche a conduit à formuler des principes plus généraux (respectivement : optimalisation dans l'utilisation énergétique des ressources du rayonnement solaire, considérations de conditions de croissance et de résistance des matériaux, optimalisation des conditions d'échange ou de circulation de fluides organiques, etc.), un peu de la même façon que la mise en évidence de symétries physiques a pu conduire à la caractérisation de tels principes ou à l'explication de leurs effets.

Mais il ne s'agit encore là, pour l'essentiel, que de l'application de raisonnements par symétrie dans un esprit physicaliste plus que spécifiquement biologique. Le caractère biologique est beaucoup plus présent dans les raisonnements par symétrie mobilisés dans la mise en évidence et l'utilisation argumentative des homologies et des analogies[19], largement évoquées dans la Variation précédente, que l'on rencontre dans la classification biologique et dans l'analyse des processus évolutifs qui y conduisent (voir, par exemple Gould 1982). Ainsi, pour donner un exemple concret, se sert-on de critères d'homologie dans l'argumentation évolutionniste pour attester l'origine phylogénétique de bien des structures biologiques (Vogel *et al.* 1994). Ces critères sont soit de situation (comme pour la filiation entre l'osselet de l'oreille des mammifères et les os d'articulation des mâchoires des reptiles, associés à des nerfs, vaisseaux, muscles qui leur sont voisins), soit de spécialisation, si les positions ne sont pas identiques (telles les dents des mammifères), soit encore de continuité (par exemple si les structures de deux membres se trouvent reliées par des formes intermédiaires au stade embryologique, ou encore si les formes varient graduellement à partir d'organismes fossiles et jusqu'aux organismes les plus récents).

---

[19] Rappelons (cf. Variation 4) que les homologies concernent les correspondances entre organes - dont on peut reconstituer l'histoire évolutive -, tandis que les analogies renvoient à des correspondances entre fonctions - assurées par des organes qui n'ont pas de rapports évolutifs entre eux, même s'ils peuvent présenter, pour des raisons fonctionnelles liées à des pressions de sélection, des ressemblances morphologiques -.

Un autre exemple, où l'on fait incidemment un usage - instrumental pourrait-on dire cette fois - de symétries, est leur utilisation pour illustrer les lois de Mendel en génétique (Vogel *et al.* 1994). Ainsi la troisième loi de Mendel qui porte sur la recombinaison des gènes se trouve-t-elle bien mise en évidence par les croisements entre ces plantes appelées "gueules de loup" et dont il existe une variété à fleurs rouges (R) et pourvues d'une symétrie bilatérale (B) et une variété à fleurs jaunes (j) et à symétrie radiale (r). La première génération après le croisement (G1) est constituée d'hybrides à fleurs rouges et à symétrie bilatérale, ce qui montre le caractère récessif de l'autre combinaison (fleurs jaunes et symétrie radiale). La deuxième génération croisée, en revanche, présente, sur 16 individus, 9 variétés à fleurs rouges et symétrie bilatérale, 3 à fleurs jaunes et symétrie bilatérale, 3 encore à fleurs rouges et symétrie radiale et enfin 1 à fleurs jaunes et symétrie radiale, indiquant ainsi qu'en G1 apparaissent deux homozygotes (BBjj et RRrr).

Pour nous situer à un tout autre niveau d'organisation, on sait que les raisonnements par symétrie sont bien évidemment très présents dans l'étude des structures des macromolécules telles les protéines (où il s'agit à nouveau d'approches très physiques) ; mais ils jouent un rôle de type plus biologique dans les cas où des modifications morphologiques et des changements de symétrie entraînent des effets fonctionnels de certaines de ces molécules, comme il semble bien que cela soit le cas dans les maladies à prions, par exemple. De même, les raisonnements qui permettent de comprendre le rôle des adéquations morphologiques de type clef/serrure qui permettent l'efficacité fonctionnelle des rapports entre certaines macromolécules et leurs récepteurs cellulaires relèvent de la mise en évidence de propriétés géométriques où les symétries par complémentarité jouent un rôle fondamental.

Pour autant, et malgré l'importance que semblent accorder à ce type de démarches tous les exemples que nous avons cités, on ne trouve pas, à ce stade, l'équivalent en biologie d'un principe d'intelligibilité et de causalité qui y jouerait le rôle du principe de Curie en physique. Encore que la sélection évolutive de certains grands plans d'organisation des organismes, selon les milieux où ils sont appelés à évoluer, puisse à certains égards en relever (voir par exemple la discussion de ces points autour de la faune de Burgess par Gould [Gould 1991]), ce qui, joint aux remarques du début de ce paragraphe sur le rôle des homologies et des analogies dans les raisonnements classificatoires, fait de la théorie darwinienne de l'évolution un des domaines où les raisonnements par symétrie trouvent une efficacité opératoire certaine au niveau des interprétations et donc une place importante dans l'intelligibilité scientifique.

Pour conclure ces deux derniers paragraphes sur le rôle et l'importance des raisonnements par symétrie dans les sciences de la nature, nous soulignerons donc le fait que ces raisonnements apparaissent fréquemment comme étant à l'origine de la formalisation modélisante de bien des approches intuitives dans ces domaines. Se distinguant des aspects plus particulièrement syntaxiques des raisonnements formels classiques (déduction, induction et, dans une moindre mesure peut-être, abduction) en ce qu'ils prennent en compte explicitement les contenus des problèmes considérés, ils se distinguent aussi des approches plus liées à l'argumentation discursive et langagière, voire strictement calculatoires, des analyses empiriques en ce qu'ils visent à dégager, par delà des lois particulières, les structures pertinentes des problèmes considérés et les invariances auxquelles ils répondent, se dégageant par là de nombre de leurs spécificités. En cela, on peut considérer qu'ils contribuent à l'articulation nécessaire entre deux niveaux de saisie des phénomènes, nécessaires chacun à une théorisation réussie : le niveau le plus abstrait des raisonnements formels, quasi indépendants des contenus qu'ils ont à traiter, visant à la cohérence, et le niveau le plus empirique et le plus spécifié des lois particulières auxquels obéissent ces phénomènes, visant à l'adéquation. De ce fait, ils contribuent de façon éminente à la construction de l'objectivité scientifique et à la détermination de ses objets.

Nous avons vu également que ces types de raisonnements permettent aussi, par-delà la confrontation formel/empirique, la constitution argumentée de classes abstraites mais néanmoins bien déterminées, regroupant parfois quantité de phénomènes apparemment hétérogènes les uns aux autres, mais présentant les mêmes "squelettes" sous-jacents relativement aux symétries et invariances qui les structurent. Par là ils contribuent à une mise en ordre objective, dégagée des contraintes des sémantismes particuliers, voire des ontologies locales, sans perdre pour autant de vue l'importance et la prégnance de contenus, mais synthétisés et "stylisés" cette fois dans des configurations d'invariances formelles, et non plus attachés à des états de choses très particuliers et par trop empiriques.

5.5. COMMENTAIRE A PROPOS DE CERTAINS USAGES RHETORIQUES DES RAISONNEMENTS PAR SYMETRIE

Les raisonnements par symétrie ne sont pas seulement présents dans l'analyse scientifique des phénomènes et la construction d'objectivité qui s'y attache. On les trouve aussi utilisés, de façon plus ou moins pertinente, dans les procédures plus usuelles de communication et notamment dans le cadre de la rhétorique argumentative, soit qu'on les mobilise dans l'établissement "formel" de comparaisons ("de même..., de même...", "non seulement ..., mais encore...", "tel..., tel...") censées avoir valeur démonstrative, soit qu'on en use dans des versions plus nettement sémantiques (rôles déjà évoqués dans l'introduction de structures mythiques ou religieuses, voire simplement narratives), soit encore qu'elles contribuent plus ou moins nettement à structurer plus globalement le discours pour en faire percevoir l'articulation argumentative ou pour chercher à en nourrir la force persuasive. Sans parler des normes littéraires qui peuvent en être issues, notamment dans les structures poétiques (vers, rythmes, rimes, ou structures plus globales comme sonnets, ballades, etc.). On sait d'ailleurs que nombre d'œuvres littéraires sont construites, de façon manifeste ou cachée, sur des symétries internes qui jouent comme des contraintes d'organisation thématique ou d'écriture proprement dite (cf. par exemple un grand nombre d'œuvres issues de l'OULIPO). Il existe même des œuvres entières, tel le *Cavaillès* de Gatti (Gatti 1997), dans lesquelles symétries et raisonnements par symétrie constituent les trames significatives essentielles et du texte et de son message. Il n'est jusqu'à certaines œuvres résolument philosophiques qui ne jouent sur des formes et des raisonnements de ce type dans l'illustration de certains thèmes (par exemple, dans le domaine philosophico-théâtral, *Le Diable et le Bon Dieu*, de Sartre).

Il n'est évidemment pas de notre propos de nous appesantir ici sur ces dimensions très particulières de l'usage de raisonnements par symétrie. Si nous les mentionnons à la fin de cette Variation, c'est qu'elles nous permettent en quelque sorte de renouer avec une approche bien différente déjà évoquée dans la première Variation (à propos, notamment, des capacités d'apprentissage de réseaux neuronaux) et portant sur l'existence supposée de schèmes cognitifs "naturels" favorisant l'accès à l'intelligibilité d'un savoir, d'une connaissance, voire d'une situation existentielle. Ici, tout se passe en effet comme si la mobilisation de structures mentales autour de symétries - et de raisonnements en faisant usage - devait spontanément faciliter la délivrance et la réception de discours, émotions, messages, venant en cela illustrer et renforcer cette hypothèse.

REFERENCES DE LA VARIATION 5

F. BAILLY, F. GAILL et R. MOSSERI, *Fonctions biologiques, niveaux d'organisation et structures fractales*, Rev. Int. Syst., **2**, 1988

Y. BOULIGAND, *La morphogenèse : de la biologie aux mathématiques*, Maloine 1980

B. VAN FRAASSEN, *Lois et symétrie*, Vrin 1994

F. GAILL et R. MOSSERI, *Ordre quasicristallin dans les matrices extracellulaires*, Acta Bioth., **40**,p.261, 1992

A. GATTI, *L'inconnu n°5 du fossé des fusillés d'Arras, actes probables avec les rapports bouleversés de l'objectif et du subjectif, les interactions (bouleversées elles aussi) du visible et de l'inobservable, de l'information et de son coût d'incertitude. En même temps, actes possibles d'univers symétriques redéfinissant le langage qui nous vient du savoir, en sentinelles du dire, le long des barbelés paradoxaux de la connaissance*, La parole errante, Sarcelles 1997

S. J. GOULD, *Le pouce du panda*, Grasset & Fasquelle 1982

S. J. GOULD, *La vie est belle. Les surprises de l'évolution*, Seuil 1991

M. LEWIS and D. C. REES, Science, 230, p.1163, 1985

Y. MEYER, *Les ondelettes, algorithmes et applications*, Armand Colin 1992

E. NELSON, *Internal Set Theory*, Bull. Am. Math. Soc., 83, 1977

J. PETITOT, *Rappels sur l'analyse non standard*, in : La mathématique non standard (H. Barreau Ed.), Ed. CNRS 1989

A. ROBINSON, *Non Standard Analysis*, North-Holland 1980

J-M. SALANSKIS, *L'herméneutique formelle*, Ed. CNRS 1991

R. THOM, *Aspects formels de la loi de récapitulation*, in : Biologie théorique, Solignac 1987 (Y. Bouligand Ed.), Ed. CNRS 1989

C. TRICOT, *Courbes et dimension fractale*, Springer 1993

G. VOGEL et H. ANGERMANN, *Atlas de la biologie*, Le Livre de Poche, LGF 1994

VARIATION 6

SYMETRIES, BRISURES DE SYMETRIES ET CATEGORISATION DU REEL

De la stabilité sensible à l'invariance intelligible ; de l'invariance théorique à l'équivalence logique

6.1. INVARIANCES, IDENTITE ET COGNITION

Bref détour par les sciences cognitives

Nous avons évoqué, dès la Variation 1, l'existence possible de structures neuro-cognitives profondes, dont le fonctionnement, spontané ou éduqué, pourrait expliquer la sensibilité humaine à la symétrie et aux brisures de symétrie pour la perception, le traitement et la catégorisation du réel. Après le parcours que nous avons effectué à travers les usages théoriques et pratiques des symétries dans les sciences exactes et naturelles, il peut être intéressant de revenir à ce genre de question non seulement pour chercher à en saisir la portée véritable, mais aussi pour tenter de montrer comment ces structures semblent participer de la structuration de l'esprit humain et trouver ainsi des répondants jusque dans les disciplines les plus abstraites et les plus formelles, telle la logique mathématique. Pour cela il se révélera utile d'effectuer un détour par une discipline en plein développement et qui se révélera sans doute particulièrement importante pour comprendre les processus mobilisés en ces matières, à savoir les sciences cognitives proprement dites, de saisir certains de ses concepts et de recourir à certains de leurs résultats.

En effet, après les progrès de diverses disciplines (psychologie cognitive, neurobiologie, phénoménologie, etc.), les récentes avancées des sciences cognitives dans leurs diverses composantes (Andler 1992, Salanskis 1993) montrent que dans l'organisation mentale du réel, il existe très vraisemblablement des schèmes cognitifs stables, produits de l'évolution biologique, et dont on peut retrouver les traits majeurs dans les espèces animales, notamment chez les mammifères supérieurs. Ces schèmes semblent souvent aller par couples, où l'un des termes du couple renvoie à une représentation de la régularité et l'autre au choix d'un critère de singularisation (schème de l'identité / schème du contraste, schème de l'espace / schème géodésique, etc.), un peu comme si l'évolution biologique (puis culturelle, dans l'espèce humaine) avait sélectionné les capacités à déceler les régularités perceptives et, en contraste, les singularités qui les circonscrivent ou les caractérisent. L'existence de ces schèmes semble constituer une condition *a priorique* de toute survie et de toute connaissance en ce qu'ils président à un premier repérage et une première catégorisation du réel avant toute détermination d'un contenu empirique proprement dit. C'est vraisemblablement la raison pour laquelle tout ce qui semble thématiser, conceptualiser ou théoriser de tels schèmes acquiert *ipso facto* une profondeur conceptuelle considérée comme participant de l'essentiel. L'hypothèse que nous pouvons alors formuler, dans la mise en perspective des questions soulevées par nos remarques antérieures, consiste à considérer que c'est précisément ce qui se passe avec la perception, l'objectivation et la théorisation des propriétés de symétrie et de leurs brisures et que c'est donc une des raisons qui font que ce qui a trait à ces propriétés semble toucher à des ressorts très profonds de la sensibilité ou de la cognition.

En effet, nous pensons avoir bien montré par tout ce qui précède (et notamment par les discussions détaillées qui concluent les Variations 3 et 4, sur lesquelles nous ne reviendrons pas et auxquelles nous renvoyons donc le lecteur) que l'essence de la symétrie est corrélative des propriétés d'*invariance*, ou de conservation de grandeurs particulières, des systèmes pour lesquels elle présente une pertinence quelconque : que ce soit psychologiquement, formellement ou théoriquement, il s'agit de reconnaître, de rechercher, voire de définir, des propriétés invariantes sous des transformations concrètes ou abstraites. Réciproquement, l'essence de l'invariance et de la conservation se manifeste principalement par des propriétés de symétrie dans les espaces adéquats pour en rendre compte. Mais en fait, d'un point de vue gnoséologique aussi bien que pragmatique, les propriétés d'invariance et de conservation elles-mêmes se révèlent constitutives d'une part au moins de l'*identité* des objets qui les exhibent en ce que ces objets doivent présenter, pour être susceptibles d'être saisis comme tels et définis - "découpés" dans le flux et sur le fond du réel -, des traits de stabilité qui permettent de les circonscrire, en termes de caractérisations et permanences minimales. Ces traits sont en fait étroitement associés aux invariances et conservations que nous venons de mentionner et, en cela, à la capacité de dégager et thématiser des régularités renvoyant à des catégorisations permanentes permettant de les caractériser comme objets, c'est-à-dire de les identifier comme tels.

De son côté, l'essence des brisures de symétrie est corrélative au contraire de la présence, dans les systèmes qu'elles affectent, de discontinuités et de singularités. Elles se manifestent notamment dans les ensembles de catastrophes, perceptives ou cognitives (contours apparents, basculements interprétatifs, partitions internes, transitions critiques en général, etc.) qui permettent de construire des repérages intrinsèques à l'objet considéré. Inversement, des phénomènes présentant des discontinuités, mettant en évidence des limites, des frontières, sont reliés à des brisures de symétrie relativement à des ensembles plus réguliers et pourvus de certaines des symétries ainsi brisées. Ce faisant, l'apparition de tels ensembles de singularités engendrant des brisures de symétrie contribue tout autant que les régularités envisagées plus haut à la caractérisation de l'identité de l'objet qui en est le siège ; mais sous l'angle, cette fois, de sa délimitation, de ses contrastes avec ce qui n'est pas lui, voire de sa structuration (détermination des stabilités et instabilités relatives, internes ou externes).

Ainsi peut-on aller jusqu'à considérer que la détermination complète des symétries et des singularités associées à un objet équivaut à la détermination complète de ses traits invariants et de ses structures intrinsèques et que l'ensemble de ces derniers caractérise à son tour et complémentairement l'identité même de l'objet considéré. Il s'agirait donc de processus cognitifs très profonds qui permettraient finalement de se repérer dans le flux supposé indiscriminé des sensations et perceptions, d'y distinguer des pertinences et d'y construire des objets, rendant possibles tout à la fois la survie immédiate et la capacité d'adaptation.

Du point de vue perceptif, ces traits semblent bien corroborés par l'analyse contemporaine des mécanismes de la vision, par exemple, ainsi qu'ils ressortent des résultats obtenus récemment et des approches morphodynamiques qui en rendent compte (Marr 1982, Petitot 1993). Ce que montrent ces résultats et les discussions qui les accompagnent, c'est que, conformément aux premières intuitions de l'analyse phénoménologique, deux mécanismes principaux concourent à la caractérisation de l'objet de la vision : un mécanisme de lissage et homogénéisation (Verschmelzung) des champs intérieurs à l'objet examiné et un mécanisme au contraire de discrimination et singularisation (Sonderung) associé aux contours apparents de ces objets (cf. Husserl 1972, Petitot 1993). Le tout étant tributaire d'une analyse en ondelettes qu'effectueraient spontanément les cellules rétiniennes qui seraient sensibles à des phénomènes de "zero-crossing" (c'est-à-dire non pas tant à un contraste direct qui serait représenté par une gaussienne très pointue ou, à la limite, par une distribution de Dirac, mais bien par une dérivée de ce genre de fonction ou de distribution, dont les traits pertinents pour la détection seraient à trouver dans leurs annulations et changements de signe). Rapprochant ces résultats de nos considérations précédentes, il est tentant de voir dans le mécanisme du lissage le pendant biologico-perceptif des propriétés de symétries et invariances (par homogénéisation du champ) et dans le mécanisme de discrimination le correspondant des brisures de symétrie exhibant discontinuités et singularités.

Ce qui semble vrai dans l'aperception spontanée et les catégorisations pré-scientifiques, nous avons vu que les sciences ont donné les moyens d'en construire les objectivités correspondantes. Mais nous avons vu aussi qu'elles ont donné en plus les moyens d'approfondir ces approches intuitives au point d'être capables - en prenant au sérieux la pertinence théorique des procédures associées à ces schèmes cognitifs et en les érigeant en principes -, de subvertir certaines de ces approches intuitives et de révéler les linéaments d'un réel beaucoup plus contre-intuitif que celui auquel on pouvait s'attendre à être confronté.

Par ailleurs, nous avons vu aussi, dans la Variation 1, que tant les capacités d'apprentissage de systèmes dynamiques artificiels que bien des critères de sélection gouvernant les choix de partenaires pour la reproduction, chez des espèces animales, pouvaient être liés à la reconnaissance de symétries, ce qui confère à ces dernières non seulement des avantages adaptatifs, mais aussi des caractères suffisamment spécifiques pour pouvoir être détectés et reconnus par les processus cognitifs appelés à les traiter. Ce qui renforce le point de vue selon lequel ces propriétés interviennent de façon importante dans les processus d'identification et de discrimination.

Ainsi s'expliquerait l'importance qu'ont toujours revêtue d'un point de vue conceptuel - et que revêtent désormais dans les sciences - la prise en considération et la recherche des symétries et de leurs brisures éventuelles : on touche en fait par là, d'un point de vue cognitif général, à la manifestation directe du principe d'identité, et l'on atteint, par la théorisation concomitante, à la détermination objective de ce qu'est une identité objectale d'un point de vue scientifique.

Peut-on aller plus loin et considérer que, du fait qu'à travers les symétries et leurs brisures on touche finalement à la caractérisation de l'identité, cela confère à ces propriétés une charge quasi métaphysique ? Comme nous l'avons évoqué précédemment, cet aspect fut présent bien avant que l'on ait montré qu'elles concouraient à la détermination effective des objectivités dans le cadre scientifique et il est vrai qu'elles semblent ainsi nous permettre d'atteindre à une certaine essence de la réalité, réalité dont, par ailleurs et si l'on se limitait à l'investiguer à travers la simple empiricité des phénomènes qui s'y manifestent, on ne connaîtrait que les "accidents" (événements, transformations, interactions). Ces approches modernes semblent ainsi réinsuffler une nouvelle vigueur aux approches rationalistes et transcendantalistes. A la limite, on semblerait pouvoir ainsi toucher aux fondements de ce que pourrait être une ontologie formelle hautement élaborée et pourtant directement associée, au niveau cognitif le plus profond, au couple formé par le schème organisateur de l'identité et par celui du contraste (passage de l'identité à l'altérité).

6.2. INVARIANCES, PROPRIETES DE SYMETRIE ET LOGIQUE

6.2.1. Symétries, structure de groupe et relation d'équivalence logique

Si l'on peut volontiers admettre le fait qu'il existe des rapports étroits entre structures de la perception, voire de la cognition intellectuelle, et propriétés de symétrie ou de brisures de symétrie affectant les objets soumis à examen, on peut se demander, à l'inverse, quels rapports peuvent entretenir ces propriétés avec la logique *stricto sensu*, c'est-à-dire non pas en tant qu'elle contribue à structurer de façon plus ou moins cohérente ces capacités cognitives, mais bien en tant qu'elle constitue une discipline formelle parente des mathématiques proprement dites. C'est ce point que nous voulons aborder maintenant pour montrer d'une part que ces rapports existent bel et bien et que leur caractérisation apporte un supplément d'intelligibilité au rôle cognitif joué par les propriétés de symétrie, mais aussi que leur mise en lumière permet peut-être de dégager une partie des raisons qui font de ces propriétés des moyens de déterminations aussi fondamentaux tant dans la catégorisation plus ou moins spontanée du réel que dans son traitement théorique et formel.

Pour commencer, nous partirons des remarques que nous venons de formuler sur les rapports profonds qu'entretiennent propriétés de symétrie (et leurs brisures) avec les schèmes cognitifs de l'identité (et de l'altérité qui, par contraste, lui est associée). En soulignant le fait que, dans les disciplines formelles, une identité singulière (quasi métaphysique) ne se rencontre pas vraiment et que l'on n'a toujours, en fait, à considérer les propriétés "identitaires" qu'à isomorphismes près, c'est-à-dire pour une *classe* d'identité[20], ce qui, conceptuellement, rapproche considérablement la problématique d'une "identité" objectale, fondée sur les propriétés de symétrie d'un système, de la problématique théorique de la caractérisation formelle d'objets abstraits tels qu'ils peuvent exister en mathématiques et en logique.

Nous avons vu plus haut que la structure mathématique de groupe constituait le moyen le plus adéquat pour l'étude et le traitement de symétries et nous avons consacré toute la Variation 6 à l'étude de cette structure de groupe. Nous entendons maintenant montrer comment cette structure mathématique est elle-même en rapport avec une structure plus strictement logique, connue sous le nom de *relation d'équivalence* et que, de ce fait, les symétries qui s'expriment en termes de groupes se trouvent, elles aussi, en rapport logique et conceptuel étroit avec cette relation qui est une façon de traitement général de ce que l'on appelle l'identité (non pas la relation logique d'identité représentant en quelque sorte une incarnation de la relation d'équivalence, mais bien ce qui renvoie, dans la langue usuelle, à ce que l'on désigne communément comme l'identité d'un objet).

---

[20]On peut y voir, au passage, une illustration du mot célèbre selon lequel il n'est de science que du général.

Commençons par rappeler l'axiomatique de la relation d'équivalence. Une relation R (entre deux termes a et b) est dite relation d'équivalence si elle est :

i) réflexive (aRa),

ii) symétrique (aRb $\Rightarrow$ bRa)

iii) transitive (aRb et bRc $\Rightarrow$ aRc)

L'égalité est un cas particulièrement évident de relation d'équivalence - mais on en trouve bien d'autres exemples, y compris dans la vie courante, comme la relation "être homonyme de -" (pour autant que l'on admette que l'on est homonyme de soi-même) -, comme un examen rapide de l'application des axiomes le montre. On démontre par ailleurs qu'une relation d'équivalence présente la propriété de partitionner un ensemble d'éléments auxquels on l'applique en sous-ensembles disjoints dont la réunion reconstitue l'ensemble complet.

Montrons que l'on peut, moyennant quelques adaptations mineures, mettre cette structure logique en correspondance systématique avec la structure mathématique de groupe telle que nous l'avons définie de façon axiomatique dans cette Variation 6 (dans ce qui suit, A, B, C sont des opérations du groupe et E désigne son élément neutre ; a, b, c d sont des objets sur lesquels portent ces opérations) :

i) à la réflexivité on peut faire correspondre l'existence de l'élément neutre E dont l'application sur un objet quelconque laisse cet objet inchangé (il existe E tel que Ea = a)

ii) à la symétrie on peut faire correspondre l'existence de l'opération inverse dont l'application sur un élément fait revenir à un élément de départ (Pour A donné, il existe A^{-1} tel que si Aa = b alors a = A^{-1}b)

iii) à la transitivité on peut faire correspondre la propriété que le produit de deux opérations du groupe est encore une opération du groupe (il existe C tel que si Baa = b, alors Ca = b, c'est-à-dire C = BA).

iv) quant à la propriété d'associativité des produits d'opération qu'exige l'axiomatique de la structure de groupe, on lui fait correspondre le résultat simple, associé aux autres propriétés de la relation d'équivalence, selon lequel si [(aRb et bRc) et cRd, alors aRb et (bRc et cRd)]. En effet, la première expression se réduit à [aRc et cRd] (application de la transitivité) et la seconde (pour la même raison) à [aRb et bRd] ; et toutes deux s'identifient finalement en aRd.

Ainsi, par cette mise en correspondance des axiomes d'existence respectifs, fait-on apparaître cette étroite parenté formelle entre relation d'équivalence et structure de groupe dont nous venons de faire état. On peut même aller jusqu'à soutenir que la structure mathématique de groupe abstrait constitue une instanciation privilégiée, non triviale, de la relation d'équivalence logique. Comme par ailleurs on a établi que l'ensemble des opérations de symétrie laissant invariant un système forme un groupe, on voit que les propriétés de symétrie elles-mêmes entretiennent une parenté avec la relation d'équivalence en ce que cette dernière exprime logiquement l'invariance formelle du système. B. van Fraassen (van Fraassen 1994) va même plus loin puisqu'il soutient que *"les trois concepts de* relation d'équivalence, *de* partition *et de* groupe de transformations *reviennent en réalité à un seul et même concept"* (du fait que l'on démontre que les classes d'équivalence d'une relation d'équivalence forment une partition, qu'il existe un groupe dont les ensembles invariants sont les cellules de la partition et que chaque groupe définit la relation d'équivalence d'"être transformé l'un dans l'autre" pour les éléments du groupe). En fait, pour notre part, plutôt que de parler d'un seul et même concept qui s'appliquerait dans des domaines distincts, nous préférons considérer une telle situation comme une correspondance formelle très forte (un isomorphisme) entre des concepts distincts adaptés chacun à son domaine disciplinaire (groupes pour les mathématiques et relations d'équivalence pour la logique). Car l'important pour nous demeure que l'on puisse construire une telle correspondance entre structure de symétries "sensibles", structure de groupe "intelligible" et relation d'équivalence "logique", ce qui tend à conforter le point de vue selon lequel reconnaissances et usages opératoires des symétries relèvent d'actes cognitifs très profonds. Et comme, de plus, nous avons considéré au paragraphe précédent qu'une part essentielle de l'"identité" d'un objet d'étude pouvait être condensée dans ses propriétés de symétrie (l'autre part relevant de brisures de symétrie), il n'est pas abusif de soutenir que se constitue ainsi une sorte de complexe épistémique qui, de la caractérisation objectale, attachée aux capacités cognitives de la perception, va au plus formel, représenté par la logique de la relation d'équivalence, en passant par la détermination des symétries pertinentes et la théorie mathématique des groupes. Ce qui, peut-être, tend à nous rapprocher de l'entreprise platonicienne de reconstruction du réel sensible à partir d'archétypes formels abstraits, telle qu'elle est exposée dans le *Timée* et telle que semble bien la reprendre épistémologiquement à son compte, *mutatis mutandis*, J. Petitot (Petitot 1987).

En effet, outre ces parentés axiomatiques, on peut aussi trouver à ces rapprochements une parenté de type beaucoup plus opératoire et tourné vers l'efficacité de certains processus cognitifs. En effet, ainsi que nous l'avons déjà signalé antérieurement, le recours aux propriétés et aux arguments de symétrie représente une économie de pensée considérable pour la reconnaissance et pour le parcours de propriétés d'un objet : ce qui est dit d'une de ses facettes vaut pour toute autre facette qui s'en dérive par symétrie sans avoir à le redire et ce, même si ces dernières demeurent inaccessibles à l'observation ou l'investigation. Or, il en va bien de même du point de vue de l'opérativité lorsqu'une relation d'équivalence logique relie des termes différents, dont certains pourraient eux aussi rester inaccessibles : sous le rapport de cette équivalence, ce qui est dit de l'un vaut aussi pour les autres. Il s'agit donc bien de la réalisation effective d'une exigence d'économie bien rarement satisfaite dans nombre de processus naturels et d'autant plus utile que ces derniers doivent fréquemment, pour des raisons de stabilité et de régulation, notamment en biologie, avoir recours à la redondance.

6.2.2. Brisures de symétrie, structure de semigroupe et relation d'ordre

Mais, si nous nous engageons sur la voie de la comparaison entre la structure mathématique de groupe - théorie abstraite des propriétés de symétrie - et la structure logique de la relation d'équivalence, il est légitime de s'interroger sur la possibilité de trouver des éléments de comparaison similaires pour les phénomènes associés aux brisures de symétrie. Pour tenter de répondre à cette question, nous remarquerons que dans la Variation 3, lorsque nous avons considéré les phénomènes critiques et les brisures de symétrie qui leur étaient associées, nous avons mis en évidence l'importance, pour leur traitement et la détermination de nouveaux invariants en termes de classes d'universalité, de la procédure de renormalisation. Or cette dernière est apparue indissociable de la stucture mathématique de semigroupe, dont nous avons vu qu'elle ne se différencie de la structure de groupe que par l'absence d'inverse aux opérations qui le constituent. Il est alors tentant de rapprocher cette structure mathématique de semigroupe de la structure logique de la *relation d'ordre* qui, elle-même, ne se différencie de la relation d'équivalence que par l'absence de l'axiome de symétrie (le **ii)** de la relation d'équivalence), c'est-à-dire celle-là même que nous avions mise en correspondance avec l'existence de l'opération inverse pour les axiomes de groupe. Ainsi se constituerait la filiation : brisure de symétrie, semigroupe de renormalisation, relation d'ordre, pendant de la séquence précédente : symétrie, groupe, relation d'équivalence, ce qui constitue, somme toute, un tableau tout à fait cohérent des mises en correspondance recherchées.

Mais malgré le caractère apparemment naturel, et qui peut sembler très satisfaisant pour l'esprit, de cette mise en parallèle, il faut néanmoins reconnaître que cette seconde démarche se révèle à l'analyse un peu plus forcée et moins convaincante que la première (concernant les symétries). En effet, il apparaît que c'est moins la nature intrinsèque de la brisure de symétrie qui trouve ses répondants dans les structures de semigroupe et de relation d'ordre, qu'une certaine procédure privilégiée (la renormalisation) qui permet d'en traiter les effets. Autrement dit, la correspondance peut paraître dans ce cas moins essentielle qu'accidentellement opératoire. Toutefois, on peut aussi atténuer cette critique en argumentant que, d'une certaine façon, la structure de groupe constitue aussi, pour sa part, une procédure privilégiée pour le traitement des symétries et qu'en cela, les statuts des correspondances sont comparables. Mais il reste néanmoins le fait important que l'on ne connaît pas encore de théorème qui relie intrinsèquement les brisures de symétrie à des semigroupes, à l'image du théorème qui énonce que l'ensemble des symétries laissant invariantes un système donné constitue un groupe. Il faut donc reconnaître que le parallélisme demeure incomplet, même s'il peut constituer une heuristique de recherche. Et s'il est vrai que la conjonction des symétries et brisures de symétries afférentes à un objet physique est constitutive de l'identité de cet objet, il paraît non seulement acceptable mais même assez vraisemblable qu'on puisse leur trouver des répondants formels dans le domaine de la logique mathématique.

Mais après ces exemples et ces discussions, il convient de remarquer que les rapports entre symétries et logique ne sont pas seulement des rapports entre structures formelles (comme entre la structure de groupe et la relation d'équivalence). Sans même parler des éléments de symétrie qui peuvent intervenir dans l'écriture même de la logique et dans sa conceptualité - qu'on se rappelle le vieux principe leibnizien de "substituabilité des indiscernables", ou encore, pour les formalistes, la valeur assertive de la double négation[21], semblable en cela à l'effet d'une symétrie-miroir -, les propriétés de symétries peuvent être utilisées implicitement dans le fonctionnement même de la logique et notamment dans les axiomes et schémas d'axiomes des systèmes

[21]On sait que les mathématiciens intuitionnistes récusent ce point, comme d'ailleurs le principe du tiers exclu (à savoir que la formule "A ou non-A" est une tautologie). Ce faisant, tout se passe comme s'ils appliquaient une sorte de rasoir d'Occam, un principe d'économie des entités à prendre en compte) aux symétries postulées *a priori* dans les systèmes formels. Cet aspect sera d'ailleurs repris dans le prochain paragraphe.

axiomatiquement définis, à l'image de l'utilisation du principe de récurrence dans les raisonnements mathématiques que nous avons examiné dans la Variation précédente. Ainsi, par exemple, et pour rester sur ce terrain, le schéma d'axiome d'induction de l'arithmétique, en logique des prédicats du premier ordre, peut-il être interprété comme le postulat d'une symétrie de translation (orientée) sur les entiers naturels : puisque une propriété dont on démontre qu'elle est vraie pour une "origine" (0) et dont on a également démontré que, si elle est vraie pour (n), elle est vraie pour (n+1), est considérée comme vraie pour tout entier, cette propriété présente de ce fait une invariance de translation sur toute la suite des entiers.

De même, en logique des propositions, les connecteurs logiques présentent des propriétés de symétrie ou de dissymétrie qui sont associées aux commutations possibles (ou non) entre les propositions qu'ils relient, comme le manifestent les tables de vérité correspondantes (par exemple les connecteurs "et" et "ou" sont symétriques, alors que le connecteur "implique" établit une dissymétrie entre les propositions qu'il relie). Et, dans un autre registre, on sait que la propriété de symétrie distingue la bijection parmi les applications d'un ensemble vers un autre. On rappellera, d'ailleurs, que dans le corps même de la caractérisation de la relation d'équivalence, la propriété de symétrie fait partie des axiomes de définition.

6.2.3. Symétries, autoréférence, imprédicativité et paradoxes logiques

Les questions de l'autoréférence et de l'imprédicativité trouvent leur place dans cette discussion relative aux rapports entre symétrie et logique du fait que la plupart des paradoxes qui peuvent en découler peuvent s'interpréter, outre toutes les considérations relatives à l'introduction de "totalités" trop problématiques, en termes de postulats d'existence de symétries qui se révèlent finalement indues. Bien souvent, il est apparu que la levée de ces paradoxes revenait à dénier que ces symétries fussent pertinentes et à trouver l'articulation du raisonnement ou du système axiomatique où il convenait de les briser pour sortir du cercle vicieux qui en découlait[22]. Encore que, comme l'a souligné K. Popper (Popper 1954), tous les cercles de type autoréférentiel ne puissent être considérés comme vicieux.

Ce sont les recherches sur les fondements des mathématiques que la crise du début du XXème siècle avait suscitées, après la découverte du paradoxe de Russell et de tous les autres paradoxes associés à la théorie des ensembles (voir par exemple Fraenkel *et al* 1984) qui ont conduit à un approfondissement du statut de l'autoréférence et de l'imprédicativité en mathématiques et en logique (Heinzmann 1985). Et, pour faire le lien avec l'exemple de l'axiome d'induction que nous avons pris plus haut pour illustrer l'existence en logique d'un certain type latent de symétrie, il est à noter qu'un logicien comme P. Bernays considère que l'induction transfinie comporte toujours, implicitement ou non, quelque trait d'imprédicativité (Bernays 1962). Or, l'autoréférence, comme les définitions imprédicatives, par la circularité conceptuelle qu'elles introduisent (puisqu'il s'agit de définir un "objet", souvent un ensemble, ou un concept, à partir d'une totalité dont il est membre et qui donc le présuppose déjà), présente des caractères qui ne sont pas sans évoquer ceux d'une symétrie interne relative au raisonnement qui les utilise. A l'inverse, il n'est peut-être

---

[22]H. Weyl, dans son article sur ce qu'il appelle le "cercle vicieux" qui apparaît au fondement de l'analyse de son temps (Weyl 1919), va même finir par visualiser au moyen d'un schéma physique matériel certaines des symétries en question et ce qui lui apparaît être la bonne façon de les surmonter.

pas excessif de considérer que les théories des types, élaborées pour échapper aux paradoxes engendrés par imprédicativités et auto-références, et qui introduisent une hiérarchie entre entités logiques et par là des niveaux distincts de traitement, correspondent à des brisures de cette symétrie interne qui se révèlerait beaucoup trop contraignante, dans la forme radicale d'homogénéité qu'elle impose.

Cette problématique peut d'ailleurs se réitérer au niveau de la construction de la logique mathématique et de l'axiomatique tout entières, telles que les envisageait la partie du programme de Hilbert visant à démontrer la consistance des mathématiques (ou au moins de l'arithmétique) par des moyens qui leur seraient strictement internes et qui, en cela, leur seraient homogènes. Par-delà les distinctions entre langue-objet et métalangage, les théorèmes de limitation (Gödel, Church, Türing) sont venus briser cette homogénéité conceptuelle au profit d'une ouverture vers une externalisation (et d'une relativisation entre eux) des systèmes axiomatiques (qu'on pense, par exemple, à l'indécidabilité qui en résulte pour l'hypothèse du continu). On peut en arriver à considérer que finalement, ces théorèmes de limitation (incomplétude, non-catégoricité) renvoient conceptuellement à des brisures de symétrie comparables, métaphoriquement, à celles qu'engendre, dans des systèmes globalement homogènes, l'apparition de limites ou de frontières (cf. les contours apparents déjà évoqués dans l'analyse des processus de vision), voire à des brisures d'invariance d'échelle. En effet, une théorie qui ne distingue pas entre types logiques ne détermine en fait qu'un niveau potentiel de prédication (même si, relativement à la quantification logique, on peut y distinguer des logiques de premier ordre ou d'ordre supérieur). De ce point de vue, les énoncés considérés sont en nature globalement indiscernables (même si leurs contenus les distinguent évidemment sans ambiguïté), en ce sens que l'on ne dispose pas de critères qui permettent de les hiérarchiser ou d'en hiérarchiser les parties.

Rappelons que ces difficultés fondationnelles, associées à des prises de position philosophiques quant à la nature de l'activité mathématique elle-même, ont donné naissance aux courants intuitionnistes et constructivistes qui subordonnent les conditions d'existence mathématique non plus à des propriétés de non-contradiction formelle mais bien à des capacités de constructions effectives des entités mathématiques. Dans le cadre des préoccupations qui sont les nôtres ici, ces positions peuvent être interprétées comme la volonté de ne jamais introduire implicitement des symétries indues (des invariances purement formelles), c'est-à-dire qui ne seraient pas exhibables au sens de l'effectivité logique (voir Lorenzen 1967, par exemple). Ce qui a conduit les mathématiciens d'inspiration intuitionniste (Heyting 1980) et constructiviste à élaborer des théories essentiellement prédicatives ; comme, par exemple, E. Nelson (Nelson 1986), qui construit une arithmétique prédicative en partant de la critique de l'imprédicativité de l'axiome d'induction. Cet auteur attire d'ailleurs l'attention sur un point conceptuel fort important (et dont on peut considérer qu'à travers la problématique qu'il propose, il concerne certains aspects des rapports entre symétrie et brisures de symétries), à savoir que, et conformément aux critiques intuitionnistes : *"There is no map of the world because the world is coming into being."* Comme si l'on assistait à une réactualisation, mais propre aux formalismes cette fois, de la vieille problématique de l'"être" (qui renverrait à l'attitude formaliste et aux critères d'existence des idéalités qu'elle accepte) et du "devenir" (que représenteraient une position plus intuitionniste et ses critères constructivistes).

On conçoit que, selon ce point de vue, la détermination des symétries d'un système s'apparente à ce que l'on pourrait ramener à une détermination de son "être" (stable, robuste), alors que les brisures de symétrie dont il est ou dont il peut être le siège évoquent plutôt une potentialité de son "devenir" (instabilités, bifurcations), le tout concourant, une fois de plus, à la caractérisation de son "identité" en tant qu'elle est tout à la fois actuelle et source de potentialités.

Mais revenons à l'analyse de certaines des circularités induites par l'autoréférence et l'imprédicativité. Ces questions ne sont pas nouvelles : elles ont alimenté la réflexion philosophique relativement à l'usage de la langue et à la construction de la signification depuis l'Antiquité et bien avant leur caractérisation proprement mathématique. Il n'est, à côté des paradoxes éléates qui utilisent, notons-le au passage, la symétrie de dilatation postulée pour le continu (temporel ou spatial), que de citer l'aporie du menteur.

Plus récemment, mais toujours dans le champ de la réflexion philosophique, mentionnons l'usage qui a été fait de l'autoréférenciation dans la démarche de l'idéalisme philosophique, immédiatement après la formulation par Kant de la théorie critique, notamment avec Fichte pour la théorie de la science et avec Hegel pour la théorie de l'histoire ou pour la théorie de la connaissance.

En effet, par-delà la circularité fondamentale associée au principe suprême de tous les jugements synthétiques chez Kant, pour qui le principe de l'entendement pur *"a cette propriété particulière de rendre tout d'abord possible sa preuve même"* (relevé notamment par Heidegger [Heidegger 1988]) : *"les principes de l'entendement pur sont possibles grâce à ce qu'eux-mêmes rendent possible"* et commenté en ces termes : *"c'est un cercle manifeste, c'est même un cercle nécessaire"*), on trouve souvent une circularité démonstratrice, voire organisatrice. Par exemple, pour caractériser la "loi", Fichte introduit un "principe" qu'il exprime explicitement comme *"application de l'énoncé d'une proposition à elle-même"* (Fichte 1967a) ; ce qui correspond manifestement à une énonciation imprédicative. De même trouvons-nous, en rapport avec la pensée de ce que l'on pourrait appeler une auto-poïèse, cette fois, que *"<...> l'être intérieur ne peut être construit du dehors mais <...> il doit se construire lui-même"* (Fichte 1967b).

Semblablement, chez Hegel, si l'on associe le processus dialectique à la figuration finalisée de la ruse de la raison, on aboutit d'emblée à une représentation typique d'une constitution auto- (concernant ici l'Histoire [Hegel 1979]) : on considère la circularité d'une réalisation à partir de conditions que cette réalisation même fournit et autorise ; ainsi en va-t-il de l'(auto)établissement de l'Esprit dans et par l'Histoire. C'est aussi ce qui opère pour la connaissance et le savoir (Hegel 1966) : *"La science n'est pas cet idéalisme qui remplacerait le* dogmatisme des affirmations *par un* dogmatisme des assurances subjectives - *c'est-à-dire* de la certitude de soi-même -, *mais plutôt quand le savoir voit le contenu revenir dans sa propre intériorité, l'activité du savoir est à la fois absorbée dans le contenu, car elle en est le Soi immanent, et en même temps elle est retournée en soi-même car elle est la pure égalité avec soi-même dans l'être-autre."* (les parties soulignées le sont par Hegel), et plus loin : *"La détermination paraît d'abord due seulement à son rapport à* de l'Autre, *et son mouvement paraît lui être imposé par un pouvoir étranger ; mais justement ce qui est impliqué dans cette* simplicité *de la pensée même, c'est que la détermination a son être-autre en elle-même et qu'elle est mouvement autonome ; <...>"* (souligné par Hegel).

Propos qui semblent bien faire écho à ce que nous avons désigné plus haut comme une problématique de l'identité de l'objet scientifique.

Ce type d'analyses philosophiques a donné lieu à nombre de controverses, mais avec le développement des sciences, ce sont désormais bien des travaux scientifiques parmi les plus récents qui, autour des questions de complexité notamment (Atlan), ont pris la relève opératoire des considérations sur l'autoréférence et ce dans plusieurs disciplines scientifiques, en faisant appel à des concepts comme ceux d'auto-organisation ([Dumouchel *et al.* 1983], [Collectif 1985] ou d'auto-poïèse [Varela 1989]).

Après ces quelques références historiques, examinons certains des aspects formels correspondants. La situation épistémologique de l'autoréférence présente en effet quelque ressemblance avec celle qui prévaut dans l'analyse de l'utilisation de l'argument diagonal tel qu'il fut introduit par Cantor et dont un des effets a été de pouvoir démontrer, à partir de l'existence d'ensembles infinis dénombrables, l'existence d'ensembles infinis non dénombrables (possédant la puissance du continu). On sait les controverses qu'a pu susciter cet argument et que les mathématiciens intuitionnistes en contestent la valeur comme élément d'une preuve d'existence, du fait qu'il ne permet pas de définir une procédure de construction des ensembles en question. Ce que nous voulons retenir ici, relativement à cet argument, et en rapport avec les propriétés d'autoréférence, c'est qu'il introduit une équivalence, une symétrie globale, entre deux types de numération qui, au départ, ne sont pas nécessairement comparables : celle de la suite des fractions décimales (supposée constituer un ensemble de cardinalité dénombrable, ce qui sera montré n'être pas possible) et celle relative à la valeur même de cette fraction (le nombre réel qu'elle exprime). Précisons.

Prenons l'exemple originaire de la démonstration d'existence de la propriété d'indénombrabilité de l'ensemble des fractions décimales (mais l'argument vaudrait aussi bien pour l'établissement de la cardinalité de l'ensemble des fonctions par rapport au continu, ou pour la démonstration du fait que la puissance de l'ensemble des parties d'un ensemble est strictement plus élevée que celle de l'ensemble de départ).

On considère d'abord les digits d'une fraction décimale quelconque, d, écrite sous forme d'une suite infinie de chiffres (en base 10 pour plus de simplicité et avec les conventions habituelles sur la suite des 9 dans le cas où elle se terminerait normalement par des zéros), soit :

$$d = 0{,}a_1 a_2 \ldots a_k \ldots \qquad (0<a_j<9) \qquad (d = \sum_k a_k 10^{-k})$$

Première numération qui concerne la fraction elle-même et la définit extensionnellement en stipulant la valeur de chaque chiffre après la virgule. Il s'agit d'une numération pour ainsi dire "interne" qui caractérise la construction de l'objet mathématique lui-même et qui ne prend nullement position sur l'existence ou non d'un ensemble qui regrouperait de tels objets. Il n'y a à ce niveau aucune manifestation d'auto-référence.

Le second niveau - celui où s'énonce l'hypothèse qui sera réfutée - fait aussi intervenir une numération, celle qui consiste à numéroter les fractions décimales elles-mêmes. Dans un premier temps, cette numérotation suppose **i)** qu'il existe un ensemble de toutes[23] les fractions décimales D

---

[23]Il y a, dans cette référence à la totalité, un premier aspect susceptible d'être discuté (cf. l'analyse des antinomies logiques). Nous ne nous y attarderons pas ici.

(ici peut se situer une première occasion d'imprédicativité si nous sommes amenés à recourir à l'ensemble D, caractérisé comme contenant tous les d, pour définir un de ses éléments d), et **ii)** que cet ensemble est de cardinalité dénombrable (puisque l'on suppose pouvoir en numéroter tous les éléments), ce que l'on démontrera précisément être faux par l'usage de la preuve diagonale. Cette numérotation peut être qualifiée d'"externe" (relativement à l'objet "fraction décimale") en ce qu'elle porte sur la suite des fractions décimales indépendamment de la valeur précise de chacune d'elle, c'est-à-dire indépendamment de la suite interne des chiffres qui la définissent.

La combinaison de ces deux numérations pour désigner une fraction parmi d'autres conduit à introduire des symboles à deux indices $a_{i,k}$, l'un référant à la numération interne, disons le second, et l'autre à la numérotation externe ; en bref :

$$d_i = \sum_k a_{i,k} 10^{-k}$$

La substance de la preuve consiste alors à montrer que, bien que *toutes* les fractions décimales soient censées être représentées par les d_i (c'est l'hypothèse), on peut néanmoins construire un objet qui est une fraction décimale et qui n'appartient pas à l'ensemble des d_i. Cette contradiction avec l'hypothèse conduit à abandonner **ii**) et à conclure que l'ensemble D est indénombrable.

C'est dans la construction du nouvel objet que nous venons d'évoquer qu'on fait appel (outre le recours à la totalité) à une forme de circularité en mettant systématiquement en correspondance les deux types de numérations pour leur faire jouer un rôle symétrique (qui pourrait se traduire par leur permutabilité globale), en sorte qu'elles deviennent interchangeables (c'est ce que nous avons appelé le télescopage des niveaux ou leur équivalence). Considérons cette étape. Elle consiste en deux moments :

1) on identifie entre elles les "natures" des deux numérations en faisant jouer le même rôle conceptuel aux deux indices des coefficients (sans évidemment les permuter localement),

2) on considère chaque fraction décimale de façon privilégiée sous l'aspect pour lequel la permutation locale des indices est licite, à savoir le digit diagonal (tel que $i = k$).

Ces opérations mobilisent donc deux types d'opération de symétrie : celle qui identifie les deux types de numération - permutabilité globale - et celle qui, privilégiant le digit diagonal, opère sur le seul "site" pour lequel ces numérations soient localement permutables.

Il suffit ensuite de construire la fraction décimale complète d^*, au moyen d'une procédure qui impose que chaque p-ième digit soit différent de a_{pp} pour être sûr que d^* ne figure pas déjà dans la numérotation envisagée (qui était pourtant censée avoir répertorié toutes les fractions décimales). De cette contradiction, et si on ne remet pas en cause l'hypothèse selon laquelle il existe un ensemble de toutes les fractions décimales, on conclut que l'hypothèse de dénombrabilité de D est fausse et que sa cardinalité est strictement supérieure au dénombrable (le continu, sous l'hypothèse du continu).

On remarquera au passage le traitement différent réservé aux conclusions mathématiques par rapport à des conclusions de type plus logique. Dans les démonstrations relatives aux mathématiques, ce sont les propriétés des ensembles qui font principalement l'objet de la mise en cause en cas de contradiction apportée par la preuve diagonale (ici la dénombrabilité de D). Dans la logique mathématique, en revanche, ce sont les questions d'*existence* qui prévalent pour la résolution des antinomies (par exemple la non-existence de l'ensemble de tous les ensembles). Ce qui, en l'occurrence, revient aussi à dire que le rôle conceptuel que l'on fait jouer aux symétries est également différent : déterminations de propriétés dans un cas - portée épistémique -, conditions d'existence dans le second - portée quasi-ontologique -.

6.2.4. Symétries et théorie des modèles : de la caractérisation syntaxique aux réalisations sémantiques

Nous avons déjà fait état des théorèmes de limitation des formalismes sous l'angle de la problématique de la consistance logique des mathématiques. Nous voudrions y retourner brièvement sous l'angle de la théorie des modèles et sur des rapports qu'ils peuvent entretenir avec les questions de symétrie à partir de la distinction explicite entre détermination syntaxique et détermination sémantique des théories. En effet, une des représentations les plus prégnantes de la métamathématique du début du siècle était qu'il devait être possible de prouver la complétude des théories logiques, c'est-à-dire l'équivalence entre la déductibilité syntaxique et la satisfiabilité sémantique (que le "vrai" était aussi le "déductible"). Le théorème de Gödel devait définitivement subvertir cette représentation, mais déjà avant la démonstration de ce théorème en 1931 (Largeault 1972), (Nagel *et al.* 1989), le théorème de Löwenheim, en 1915, et le paradoxe de Skolem, en 1922 (Largeault 1972) avaient mis en évidence la non-catégoricité de la logique des prédicats du premier ordre, c'est-à-dire le fait qu'à une même caractérisation axiomatique pouvaient répondre des modèles qui n'étaient pas isomorphes entre eux. Ces résultats donnèrent naissance plus tard à la mathématique non-standard (Barreau *et al.* 1989), fondée sous l'angle sémantique par A. Robinson (Robinson 1966) et développée sous l'angle syntaxique sous la forme de la théorie IST par E. Nelson (Nelson 1977). Nous serons amenés à utiliser certains aspects de ces théories en guise d'exemple dans la prochaine Variation, mais sous un angle assez différent de celui sous lequel nous les abordons ici, raison pour laquelle nous ne nous étendrons pas plus longuement sur ces points.

Une des manifestations les plus marquantes des bouleversements que ces théories ont entraînés tient au fait qu'il a dès lors été possible, par la construction d'un modèle non standard de l'arithmétique de Peano, d'introduire rigoureusement l'existence de nombres entiers infiniment grands (et corrélativement de nombres infiniment petits) dont le type d'ordre ne coïncide d'ailleurs pas avec celui des entiers naturels (ce qui contribue à concrétiser le caractère non isomorphe de ce modèle par rapport à celui de l'arithmétique usuelle). Un autre effet spectaculaire a été d'avoir à revenir sur la caractérisation du concept d'infini mathématique, en introduisant en tiers, par rapport à la distinction formaliste traditionnelle entre ensembles finis et infinis, le concept d'ensembles formellement finis qui soient calculablement infinis (en l'occurrence : qui contiennent des entiers infiniment grands). Mais l'essentiel pour nous, conceptuellement parlant, tient à ce que ces résultats montrent clairement que l'invariance syntaxique d'une théorie n'entraîne pas nécessairement sa stabilité sémantique : une indiscernabilité ou une substituabilité syntaxiques ne correspondent pas nécessairement à la traduction sémantique des mêmes propriétés et n'équivalent donc pas à une détermination univoque des contenus théoriques. Comme si ce que l'on traduit d'ordinaire par la sous-détermination du sémantique par le syntaxique pouvait être interprété comme le fait que, du syntaxique au sémantique, s'effectue un passage d'une symétrie plus élevée à une symétrie moins élevée du discours formel, autant dire une brisure de symétrie.

La nature de cette brisure est manifestement associée à la transition entre la forme (abstraite et vide, en première approximation du moins) que proposent l'axiomatisation logique et ses instanciations en termes de contenus théoriques proprement dits (en termes de réalisations de modèles) ; c'est-à-dire, encore, en termes de passage entre structure formelle et interprétations. D'un point de vue épistémique, cette situation est loin d'être unique : nous avons déjà signalé, dès la Variation 1, que les schèmes de développement présentaient en général des caractéristiques semblables (à savoir une forme abstraite potentielle et très homogène s'actualisant par brisures successives de symétries en réalisations différenciées) et nous avons relié ces traits génériques à la possibilité qu'ils ne fassent que répondre, en le réalisant, à un schème cognitif profond. Le fait de retrouver après un immense détour théorique et conceptuel un schème similaire à un niveau d'abstraction très élevé ne fait, semble-t-il, que conforter cette hypothèse. Il reste cependant que les structures logiques elles-mêmes ne sauraient être considérées comme complètement vides : elles comportent ce que G-G. Granger (Granger 1994) appelle des "contenus formels", qui renvoient sans doute à des "sémantiques" peut-être archétypales, correspondant à des potentialités innées de procéder à des catégorisations (si diverses soient-elles dans leurs réalisations effectives) du réel et de la pensée. Ce seraient donc des *aptitudes* qui, de par les possibilités qu'elles ouvrent, se trouveraient à la source cognitive de sensibilités aux symétries (comme tous les possibles leibniziens) et la réalisation spécifique de certaines de ces possibilités, pour leur part, par les choix et sélections qu'elles opèrent parmi elles en laissant de côté toutes celles qui ne se trouvent pas thématisées, renverraient à la pertinence opératoire de la prise en compte des brisures de symétrie.

On notera au passage, pour souligner la cohérence indéniable qui anime, en la matière, les choix théoriques et philosophiques des acteurs de la recherche, que l'analyse non standard sert actuellement de point d'appui épistémologique et de source d'exemples et d'arguments aux courants intuitionnistes contemporains. Nous y verrons, pour notre part, une filiation certaine dans la récusation du recours excessif à des postulats implicites sur l'existence en mathématiques de symétries *a priori* qui, à l'image du rôle qu'elles peuvent jouer en physique, seraient censées normer - prescrire - les conditions d'existence des êtres mathématiques et les procédures d'administration des preuves utilisées par les mathématiciens. Ces courants néo-intuitionnistes (Harthong *et al.* 1989) les jugent inutiles et abusives, au moins en ce qui concerne les fondements des mathématiques et la nature de l'activité théorique des mathématiciens, en ce qu'elles relèvent d'un formalisme non constructif. Tout se passe dans ce domaine comme si, ainsi que nous l'avons déjà relevé dans la note 2, il s'agissait de couper court d'emblée à une multiplication excessive de propriétés de symétries qui seraient elles-mêmes susceptibles d'engendrer une prolifération incontrôlée d'êtres mathématiques. Ces derniers, qui pourraient échapper à des procédures effectives de construction de la part de l'activité du mathématicien, pourraient par là se révéler sources de paradoxes liés à des ontologies indues et en tout cas donner prétexte à une représentation inadéquate de l'activité de création mathématique.

REFERENCES DE LA VARIATION 6

D. ANDLER (Ed.), *Introduction aux sciences cognitives*, Gallimard 1992

H. BARREAU et J. HARTHONG (Eds.), *La mathématique non standard*, Ed. CNRS 1989

P. BERNAYS, *Remarques sur l'imprédicativité*, Ann. Sc. Univ. Clermont, **1**, n°7, 1962

Collectif, *Généalogies de l'auto-organisation*, Cahiers du CREA n°8, CREA 1985

P. DUMOUCHEL et J-P. DUPUY (Eds.), *L'auto-organisation*, Colloque de Cerisy, Seuil 1983

J. G. FICHTE, *La théorie de la science de 1804*, XXIVème conférence, Aubier Montaigne 1967a

J. G. FICHTE, "id.", XXème conférence 1967b

B. VAN FRAASSEN, *Lois et symétrie*, Vrin 1994

A. A. FRAENKEL, Y. BAR HILLEL, and A. LEVY, *Foundations of Set Theory*, North-Holland 1984

G-G. GRANGER, *Formes, opérations, objets*, Vrin 1994

J. HARTHONG et G. REEB, *Intuitionnisme 84*, in : La mathématique non standard (H. BARREAU et J. HARTHONG Eds), Ed. CNRS, 1989

G. W. F. HEGEL, *Préface à la phénoménologie de l'esprit*, Aubier 1966

G. W. F. HEGEL, *La raison dans l'histoire*, UGE 1979

M. HEIDEGGER, *Qu'est-ce qu'une chose?*, TEL Gallimard 1988

G. HEINZMANN, *Entre intuition et analyse. Poincaré et le concept de prédicativité*, Blanchard 1985

A. HEYTING, *Intuitionism. An Introduction*, North-Holland 1980

E. HUSSERL, *Recherches logiques*, PUF 1972

J. LARGEAULT (Ed.), *Logique mathématique. Textes*, Armand Colin 1972

P. LORENZEN, *Métamathématique*, Gauthier-Villars et Mouton 1967

D. MARR, *Vision*, Freeman 1982

E. NAGEL, J.R. NEWMAN, K. GÖDEL, J-Y. GIRARD, *Le théorème de Gödel*, Seuil 1989

E. NELSON, *Internal Set Theory: a New Approach to Non-Standard Analysis*, Bull. Amer. Math. Soc., **83**, n°6, 1977

E. NELSON, *Predicative Arithmetic*, Princeton Univ. Press 1986

J. PETITOT, *Refaire le Timée*, Rev. Hist. Sc., **XL**, 1, p.79, 1987

J. PETITOT, *Phénoménologie naturalisée et morphodynamique : la fonction cognitive du synthétique a priori*, in : Philosophie des sciences cognitives (J-M. SALANSKIS Ed.), Intellectica n°17, 1993

K. POPPER, *Self Reference and Meaning in Ordinary Language*, Mind **63**, p.162, 1954

G. REEB et J. HARTHONG, *Intuitionnisme 1984*,
A. ROBINSON, *Non standard analysis*, North-Holland 1966

J-M. SALANSKIS (Ed.) *Philosophie et sciences cognitives*, Intellectica, n°17, 1993

F. VARELA, *Autonomie et connaissance*, Seuil 1989

H. WEYL, *Der* circulus vitiosus *in der heutigen Begründung der Analysis*, Jahresb. der Dt. Math-Vereinigung, **18**, 1919

VARIATION 7

CONCLUSION

SYMETRIES, BRISURES DE SYMETRIES ET OBJETS SCIENTIFIQUES

Connaître les phénomènes, deviner le réel, construire l'objectivité

Nous ne chercherons pas, dans cette conclusion, à récapituler le contenu technique des Variations précédentes ni même la substance des discussions qu'ils comportent. Nous chercherons plutôt à nous interroger sur les impacts de nature épistémologique et philosophique qu'ils ont d'ores et déjà entraînés, ou qu'ils sont susceptibles d'entraîner encore - directement par leurs résultats ou indirectement par les réflexions que ces résultats suscitent -, pour une théorie générale de la connaissance scientifique. Autrement dit, nous chercherons à discuter la portée gnoséologique de la place qu'ont acquise aujourd'hui, et si provisoirement que ce puisse être, les théories relatives aux symétries et brisures de symétries dans la construction d'objectivité et dans l'intelligibilité scientifiques, que ce soit en mathématiques ou dans les sciences de la nature. Pour ce faire, nous serons conduits à revenir ponctuellement sur tel ou tel aspect déjà traité précédemment, mais pour éviter des répétitions inutiles et fastidieuses, nous ne réitérerons pas les commentaires ou démonstrations auxquels ils ont déjà donné lieu dans les Variations respectives dans lesquelles ils ont pu apparaître.

7.1. SYMETRIES, INOBSERVABILITES ET DETERMINATIONS DES OBJETS SCIENTIFIQUES

La prise en considération de symétries revient de fait à conférer un statut d'inobservabilité à des grandeurs sur lesquelles portent ces symétries : par exemple le postulat d'existence d'une symétrie de translation dans l'espace ou dans le temps rend inobservable une origine d'espace ou de temps. Et l'on sait, d'après le théorème de Noether, que ces inobservabilités sont corrélatives, à l'inverse, de la conservation de grandeurs physiques qui de ce fait deviennent les observables principales d'un système. C'est cette configuration conceptuelle que nous voulons maintenant tenter d'approfondir en vue d'en tirer quelques conclusions épistémologiques.

Il faut d'abord noter, pour éviter toute confusion, que les termes d'observables ou d'inobservables revêtent en physique des significations suffisamment différentes et variées selon le contexte de leur emploi. Relevons-en quelques-unes en vue de cerner sans ambiguïté l'acception que nous voulons retenir ici.

i) Pour commencer, il y a l'utilisation du terme dans le sens habituel du langage courant : des entités physiques dont l'existence est supposée ou postulée peuvent être inobservables pour des raisons de difficultés techniques, comme ce fut le cas, par exemple pour les atomes (en tant qu'entités proprement physiques et non plus métaphysiques), à l'époque où Boltzmann formulait sa théorie cinétique des gaz. Dans ce cas, on peut espérer qu'une amélioration des techniques permettra une mesure et une observabilité futures, pour autant, bien entendu, que les postulats d'existence soient vérifiés.

ii) A un second niveau, toujours dans le domaine de l'analyse de l'objectivité physique et de la mesure qui l'accompagne, il peut exister des situations d'inobservabilité théorique, liées à la nature propre des entités considérées. Par exemple, il n'est par principe pas possible d'observer simultanément, avec une précision arbitraire, la vitesse et la position de particules quantiques (inégalités de Heisenberg) ; de même, il n'est, par principe, pas possible, en cosmologie, d'observer directement un trou noir, bien qu'on puisse en déceler les effets sur son environnement. Dans ce cas, ce sont les conditions mêmes de construction des objectivités physiques qui comportent l'interdiction théorique de certaines observabilités.

iii) Troisièmement, mais d'un point de vue très différent, il faut souligner l'irruption dans la technicité de la physique elle-même du vocable d'"observable physique". Il s'agit cette fois, en théorie quantique, des opérateurs mathématiques auto-adjoints que nous avons déjà rencontrés précédemment, définis dans l'espace de Hilbert. Leurs propriétés en font des êtres à partir desquels les effets proprement physiques pourront se manifester (toujours dans la mesure physique) sous forme de réalisation statistique des valeurs propres de ces opérateurs. Sous cet angle, l'observable physique renvoie métaphoriquement à ce qui en effet est susceptible d'une observation au sens plus habituel, c'est-à-dire d'une mesure, mais en fait il s'agit d'entités purement théoriques et de nature strictement mathématique.

iv) Enfin, en nous plaçant dans la perspective épistémologique qui nous retiendra maintenant, nous nous arrêterons sur le rôle et l'importance de l'expression de ces inobservabilités de principe qui s'expriment sous la forme de principes de relativité, ceux-là mêmes qui correspondent aux propriétés de symétries que nous avons considérées. En effet, comme nous venons de le souligner, l'existence d'invariances sous des opérations de symétries et des groupes de relativité s'interprète immédiatement comme l'expression de restrictions formelles à certaines possibilités d'observation, ainsi qu'il apparaît le plus clairement dans les théories de la relativité.

Ainsi, et en nous en tenant à cette dernière caractérisation, invariances, théories de jauge, groupe de relativité fixent les limites de la connaissance que l'on peut avoir d'un système et des quantités que l'on peut mesurer et observer. L'extraordinaire, épistémologiquement parlant, tient au fait que ce sont précisément ces principes de relativité, et donc ces limites imposées à l'observation qui contribuent à déterminer, en un sens très fort, les objectivités physiques qui y obéissent. On pourrait presque dire que, paradoxalement, c'est la condition d'inobservabilité de principe de certaines quantités qui conduit à la caractérisation réelle du système physique et de ses grandeurs observables. En fait, pour ne pas nous en tenir à ce simple constat et tirer de ces remarques des indications plus précises quant à leurs implications relativement à la connaissance physique, il convient sans doute de distinguer soigneusement entre la nature de ce sur quoi portent les inobservabilités en question et la nature des quantités invariantes qui en résultent.

Reprenons quelques exemples déjà mentionnés. Les théories relativistes rendent inobservables les particularités de l'espace-temps qui se transforment les unes dans les autres sous des transformations différentiables (les difféomorphismes) ; en physique quantique, les théories de jauge rendent inobservables les caractéristiques des espaces internes qui se transforment mutuellement sous les transformations de jauge ; les transformations du groupe de renormalisation rendent inobservables les particularités locales des systèmes critiques qu'elles laissent invariants. A travers ces exemples, il apparaît nettement que ce qui fait l'objet des inobservabilités fondamentales est toujours relatif au cadre référentiel, c'est-à-dire à l'univers de repérage, auquel les phénomènes sont censés être rapportés, à savoir les espaces-temps de nature variée (y compris des espaces complètement abstraits comme des espaces de Hilbert ou de Fock, pour la physique quantique, ou des espaces de permutations, pour les statistiques et l'indiscernabilité) dans lesquels ils sont définis, voire observés. Autrement dit, la détermination des objectivités physiques semble corrélative de l'indétermination (réglée) des repères dans lesquels elles sont appelées à se manifester. Cet aspect tend à conférer à ces univers de repérage un rôle un peu spécial : commodes et même nécessaires pour décrire les phénomènes, ils doivent rester suffisamment indéterminés (mais encore une fois de façon très réglée, c'est-à-dire relativement à des opérations de symétrie précises) pour pouvoir contraindre, par ces indéterminations mêmes, les phénomènes qu'on y rapporte. Ils tendent en cela à rejoindre curieusement la caractérisation de formes *a priori* de l'intuition sensible que la critique kantienne (Kant 1986) avait attribuée à l'espace et au temps sur la base, en particulier, de l'analyse et de l'approfondissement des propriétés "absolues" de l'espace et du temps newtoniens. Curieusement, car précisément ce sont ces caractères d'absoluité qui se trouvent complètement remis en question par les principes de relativité qui les affectent, et ce sont leurs traits de relativité qui les rendent déterminants pour les phénomènes.

Un deuxième aspect spectaculaire qui résulte de la mise en œuvre de ces propriétés de symétrie a trait à la façon dont se trouve bousculé (mais non ruiné) le concept de causalité, surtout quand on le relie opératoirement au concept de force. Parmi les exemples les plus marquants susceptibles d'illustrer ce point, celui de la relativité générale rend particulièrement patente la dualité existant entre la caractérisation de la géométrie de l'univers et celle de l'énergie-impulsion dans cet univers. De par cette dualité et la mise en œuvre du principe d'invariance sous les difféomorphismes de l'espace-temps, les "forces" sont relativisées à la nature de cette géométrie : elles vont jusqu'à apparaître ou disparaître selon la nature géométrique de l'univers que l'on choisit *a priori* pour décrire les comportements physiques. En fait c'est le principe géodésique qui seul, sert, de guide et qui associe étroitement un aspect à l'autre. Il en va de même dans les théories de jauge où, cette fois, ce sont des variables internes qui sont caractérisées, au moyen des groupes de jauge, comme des quantités inobservables. Par exemple, l'inobservabilité d'une origine des phases, pour la fonction d'onde quantique, conduit à déterminer l'invariance de la charge électrique ; et c'est le cas pour bien d'autres nombres quantiques. Mais il y a plus : comme dans le cas de la relativité, le choix des jauges et leurs changements permettent de définir, ou au contraire de faire disparaître, les interactions elles-mêmes qui caractérisent les effets réciproques des champs entre eux. Par exemple, c'est le choix de la jauge de Lorentz qui permet de faire apparaître les potentiels d'interactions électromagnétiques comme corrélats de l'invariance de jauge. Si l'on considère qu'une des modalités d'expression et d'observations des processus causaux est à trouver dans la caractérisation précise des forces et champs qui "causent" les phénomènes observés, on voit bien que cette modalité se trouve profondément remise en cause par les effets de ces transformations. Ce qui conduit à se faire de la causalité elle-même une représentation plus élaborée que celle qui résulte de la première intuition issue des comportements classiques. En particulier, la causalité de la physique contemporaine semble beaucoup plus associée à la manifestation d'une solidarité formelle entre les phénomènes et entre phénomènes et cadres référentiels choisis pour les décrire, qu'à une "action" orientée d'un objet sur un autre, comme la mécanique classique pouvait en accréditer l'idée. Les causes, en ce sens, deviennent des interactions et ces interactions elles-mêmes constituent le tissu de l'univers de leurs manifestations : qu'on déforme ce tissu et les interactions semblent se modifier ; qu'on intervienne sur les interactions et c'est le tissu qui se déforme.

Tous ces exemples et commentaires montrent bien qu'à ce niveau, la caractérisation formelle des limites de ce que l'on pose comme le physiquement connaissable d'une théorie - et donc de ce que l'on peut appeler, sans extension abusive, les limites de l'observabilité qu'elle permet - détermine du même coup non seulement les invariants de la théorie et ses lois de conservation mais aussi jusqu'à la nature physique de ses objets et des interactions qui en gouvernent les comportements. Bref, tout ce qui va pouvoir entrer dans le champ de la mesure et de l'observation proprement dites. Il est clair que dans cette configuration de l'analyse du fonctionnement des théories physiques, on est conduit à attribuer un rôle essentiel à ce que l'on peut à bon droit appeler une causalité formelle.

Pour élargir le propos à une réflexion plus étendue que celle qui concerne strictement le domaine de la physique, c'est aussi le moment de rappeler au passage que nous avons rencontré dans la Variation précédente, dans le cadre logico-mathématique cette fois, ce qui correspond en fait, quoique implicitement, à un autre cas d'inobservabilité théorique. Nous avons vu brièvement dans cette Variation qu'une axiomatique donnée (par exemple l'axiomatique de Peano pour l'arithmétique) peut donner naissance (pour des raisons de non catégoricité - au premier ordre - ou d'incomplétude - au second ordre -) aussi bien à des modèles non standard qu'à des modèles standard. Sans entrer dans des détails superflus, le point important que nous voulons souligner ici tient au fait qu'il existe dans les modèles non standard des constantes (des êtres mathématiques) que le modèle standard ne sait ni discerner ni, donc, "nommer". Ces constantes peuvent être considérées sans excessif abus de langage comme des "inobservables" pour le modèle standard, inobservables que le modèle non standard permet pour sa part de caractériser et d'"observer". Il est alors intéressant de remarquer que cette observabilité nouvelle s'accompagne, selon l'approche qui a permis l'introduction du modèle non standard, soit d'un changement syntaxique (introduction d'un nouveau prédicat unaire "st", dans la théorie IST mentionnée antérieurement), soit d'un "élargissement" (au sens technique du terme) de l'univers sémantique de référence ; c'est-à-dire soit d'une modification de la structure du langage formel, soit d'une modification de l'ontologie de l'univers de référence.

Ce point est suffisamment important pour que nous nous y arrêtions un instant en vue de l'approfondir. Car si les disciplines de sciences de la nature nous donnent l'occasion et le moyen d'appuyer nos analyses sur le traitement d'un type d'objectivité, les mathématiques et la logique nous offrent l'opportunité de tenter d'élucider, grâce à la rigueur et à l'abstraction qu'elles comportent, les mécanismes de raisonnement et les représentations qui guident nos approches les plus profondes en matière d'appréhension de nos façons de penser, en même temps qu'elles mettent en lumière les processus fondamentaux de construction de l'objectivité relative aux idéalités que nous inventons.

Tentons donc d'illustrer notre propos par un exemple précis, celui du traitement de l'arithmétique de Peano dans le cadre du système axiomatique ZFC[24] et des effets sur l'"observabilité" et la "nommabilité" des entités qu'elle fait venir à l'existence, selon qu'on l'exprime dans la logique des prédicats du premier ordre ou dans la logique du second ordre[25].

On sait que la logique des prédicats du premier ordre est complète, compacte mais non catégorique (c'est-à-dire que si ses formules déductibles sont aussi des formules satisfiables - équivalence de la sémantique et de la syntaxe -, en revanche les modèles issus d'une même axiomatique ne sont pas nécessairement isomorphes entre eux). La propriété fondamentale qui, comme nous l'avons déjà vu précédemment, permet la construction de modèles non standard est cette non-catégoricité. L'élargissement sémantique à la Robinson qui conduit à l'introduction d'entités mathématiques nouvelles, ou la théorie syntaxique IST à la Nelson qui introduit le nouveau prédicat "st" (pour "standard"), s'équivalent sans que se trouvent modifiés l'univers de base U ou la caractérisation

---

[24]Abréviation pour : "***Z***ermelo, ***F***raenkel, avec axiome du ***C***hoix". Rappelons qu'il s'agit de l'axiomatique la plus classique qui permette de construire une théorie des ensembles (voir, par exemple, Fraenkel *et al.* 1984).

[25]Rappelons que le premier ordre se caractérise par l'interdiction de quantifier sur les variables de prédicat ou les relations, ce qu'autorise en revanche le second ordre (voir par exemple Manin 1984). De ce fait, l'axiomatique de Peano au premier ordre comporte un schéma d'axiome (schéma d'axiome d'induction) qui demande à être instancié dans chaque occurrence, alors qu'au second ordre elle comporte un simple axiome d'induction.

de ses parties[26]. Tout se passe comme si ces contraintes contribuaient à préserver, dans une axiomatique donnée, par exemple l'axiomatique de Peano, une place pour des modèles non standard dans un cadre défini une fois pour toutes (U) et invariant sous leur construction. C'est une telle situation qui permet à G. Reeb d'affirmer que *"les entiers naturels ne remplissent pas N"* (Lobry 1989) et de fonder sur cette analyse sa démarche néo-intuitionniste.

La situation est très différente dans le cas d'une formalisation au second ordre, dont par ailleurs on considère généralement que c'est celle à laquelle ont, en fait, implicitement recours les mathématiciens dans leurs travaux (Shapiro 1985). Bien entendu, nous considérerons le cas d'un second ordre en ce qu'il a d'irréductible au premier ordre, c'est-à-dire en ce qu'il comporte des modèles *principaux* (et non seulement *généraux*), c'est-à-dire en ce que l'on opère les quantifications sur *tous* les sous-ensembles de l'ensemble des éléments de la structure et sur *toutes* les relations. Cette fois, comme on sait, pour une théorie assez riche pour contenir l'arithmétique, la théorie est incomplète (non-équivalence entre sémantique et syntaxe, cf. le théorème de Gödel), non compacte, mais - point important lié au fait que le théorème de Löwenheim-Skolem n'y est plus valable - catégorique (tous les modèles répondant à une axiomatique donnée sont isomorphes). Il n'y a donc plus, contrairement au cas du premier ordre, de "place naturelle" disponible d'emblée pour des modèles non standard (ceux-ci résultent cette fois de l'incomplétude). En revanche, une construction syntaxique reste toujours possible en introduisant le

---

[26]A. Robinson précise d'ailleurs lui-même (Robinson 1984, p.282) : *"However, from a formalist point of view we may look at our theory syntactically and may consider that what we have done is to introduce* ***new deductive procedures*** (souligné par A.R.) *rather than new mathematical entities."*

nouveau prédicat "st", mais cette fois l'effet de cette introduction se répercute sur l'ensemble de base initial de départ (U). Cet univers se modifie de façon à comporter des parties qu'il ne comportait pas avant cette introduction du prédicat, qui "ajoute" donc non seulement au modèle mais aussi à son ensemble de base, en modifiant les notions de parties et d'appartenance dans (U) lui-même ; ce dernier se trouve ainsi n'être plus compatible avec le seul (*N*) (l'ensemble des parties de *N*). Ainsi, dans ce cas précis, et du fait que la syntaxe n'équivaut plus à la sémantique, une modification de la première impose une modification de l'ensemble de base (de la référence, pour ainsi dire), contrairement à ce qui se passait au premier ordre. Mais l'effet se révèle plus important encore et retentit sur la nature du modèle lui-même.

En effet, on sait que si M est un modèle du second ordre, tel que $M = (\boldsymbol{N},\boldsymbol{P})$, ce modèle est principal si $\boldsymbol{P}(\boldsymbol{N}) \equiv \wp(\boldsymbol{N})$. Par la procédure d'ultraproduit on peut effectivement construire le modèle non standard $M^* = (\boldsymbol{N}^*,\boldsymbol{P}^*)$, mais alors $\boldsymbol{P}^*(\boldsymbol{N}^*) \neq \wp(\boldsymbol{N}^*)$. Autrement dit, dans la construction, on perd l'exhaustivité de $\wp$ qui faisait du modèle un modèle principal. Il existe désormais une partie standard (telle que $\boldsymbol{P} \subset \boldsymbol{P}^*$ et $\boldsymbol{N} \subset \boldsymbol{N}^*$), des parties internes et, en plus, des parties externes (sur lesquelles on ne quantifie pas) : le modèle M^* n'est plus un modèle principal, il est général et à ce titre il peut être ramené à un modèle du premier ordre.

Pour résumer tout cela en termes plus imagés, dans l'arithmétique du premier ordre, l'axiomatique contient en germe d'une part les entiers de U et d'autre part d'autres éléments (les entiers non standard) qui ne sont pas discernés du point de vue de U, tout en en faisant partie. Alors que dans l'arithmétique du second ordre, le modèle ne contient que les entiers de U (à isomorphie près) ; pour rajouter une autre sorte d'entiers (les non standard), on ne peut se contenter de rajouter des éléments, il faut rajouter une notion ("st") dont l'introduction retentit sur l'ensemble de base. Ce qui conduit finalement, si l'on veut pouvoir comparer les situations dans des ordres différents et discuter la nature et les effets de ces idéalités mathématiques non standard - plus ou moins observables ou nommables -, à devoir prendre en considération une *triade* (univers de base, sémantique, syntaxe) au lieu d'une simple *dyade* (sémantique, syntaxe).

Ainsi voit-on se distribuer différemment variabilités et invariances selon le système logique de référence. Au premier ordre, l'invariance porte sur le repère global et la variabilité sur les modèles non catégoriques : la brisure de symétrie est interne à l'univers. Au second ordre, au contraire, c'est l'univers qui subit des transformations qui ne le laissent pas structurellement invariant et qui est donc appelé à se réorganiser.

Ce que nous voulons aussi souligner ici, grâce aux éléments que ce détour met en relief, c'est que, là encore, c'est bien le système de repérage (le langage formel ou la caractérisation sémantique, ou l'univers de base) qui, d'une certaine façon, fait l'objet des transformations qui permettent de rendre "observables" des "grandeurs" qui ne l'étaient pas. Comme il n'est pas question cette fois de parler d'une "causalité" qui serait interne aux mathématiques et à la logique, il apparaît que c'est bien le système référentiel de la représentation qui se trouve engagé dans la possibilité ou non de discerner certaines entités. L'avantage de l'approche mathématico-logique est de fournir les moyens de déceler précisément comment et en quoi.

Ces traits relatifs au rôle des systèmes de repérage dans la détermination des discriminations objectives (c'est-à-dire, aussi, des transformations laissant invariants des systèmes ou des parties de systèmes, c'est-à-dire encore, de leurs symétries propres) se retrouvent jusque dans le domaine biologique des sciences de la nature. En effet, si nous nous plaçons du point de vue selon lequel certaines fonctions physiologiques (telles, avons nous vu dans la Variation 6, la respiration ou la rythmicité cardiaque) sont déterminées par des nombres purs, affectés ensuite, pour l'acquisition de leur dimensionalité temporelle, par le facteur de scaling que représente la masse, il est clair que les espèces et les genres d'une même classe (les mammifères, en l'occurrence) sont indiscernables et deviennent inobservables sous le rapport des nombres correspondants à ces fonctions. Cette inobservabilité apparaît bien, à nouveau, corrélative d'une invariance (numérique cette fois). Toutefois, et par contraste avec le cas des disciplines hautement formalisées que sont les mathématiques et la physique, nous ne sommes pas encore en mesure de dégager, ici, la nature des symétries auxquelles ces invariances sont susceptibles de répondre. Tout au plus peut-on soupçonner que les déterminations génétiques y jouent un rôle essentiel, et notamment, comme pour la discrimination entre embranchements, celles qui gouvernent les grands plans d'organisation des organismes auxquels ces fonctions sont associées. Mais s'il est vrai que les symétries en question sont censées affecter essentiellement les systèmes de repérage constituant le cadre référentiel d'évolution des organismes entre lesquels se présentent ces facteurs invariants, alors nous devons penser qu'à côté du niveau proprement génétique de leurs déterminations, les niveaux d'organisation biologique (qui représentent un degré plus élaboré de l'expression génétique) doivent eux aussi intervenir en tant que sièges de telles transformations de symétries. Peut-être le concept de régulation, en biologie, constitue-t-il à cet égard une piste de recherche intéressante, puisque c'est grâce à de tels processus de régulations que des homéostasies sont capables de se maintenir malgré des perturbations importantes qui semblent affecter directement des organes associés à des fonctions bien déterminées. On notera d'ailleurs que bien des facultés de régulation se trouvent atténuées avec le vieillissement, comme si les symétries abstraites que l'on pourrait y associer avaient tendance à s'affaiblir, voire, pour certaines, à disparaître, conformément au schème général de développement, évoqué dans la Variation 1, et qui va des symétries plus élevées vers les moins élevées, *via* des brisures successives de symétrie, ainsi qu'il semble bien que cela puisse être le cas dans les processus de développement, de déterminations puis de différenciations entre lignées cellulaires, par exemple.

7.2. DU VIRTUEL AU POSSIBLE, DU POSSIBLE A L'ACTUEL

Relativement aux lois explicites qui sont censées gouverner les phénomènes ou en rendre compte et qui peuvent être considérées comme l'*actuel* de la phénoménalité, les principes de symétrie, d'invariance, de relativité, de conservation, semblent tenir la place du domaine du *potentiel* en ce que précisément elles délimitent le champ du possible d'une phénoménalité donnée. En fait, si on élargit le point de vue, et en reprenant sous un angle un peu différent l'embryon d'analyse que nous avons présenté dès la Variation 1, on est conduit à distinguer trois instances d'intelligibilité pour ce qui est de l'objectivité théorique : le virtuel, le potentiel et l'actuel[27].

Ainsi, si les lois physiques effectives régissant les phénomènes représentent une forme d'actualisation formelle, il semble naturel d'attribuer aux principes physiques mathématiquement formulés un rôle à la fois moins déterminé quantitativement mais plus déterminant qualitativement : celui de régir les possibles auxquels doivent obéir ces lois pour être recevables ; tout à la fois, donc, de restreindre et d'ouvrir ces possibles. La restriction tient aux limites imposées (respect des symétries, par exemple) ; l'ouverture tient à la prolifération interprétative associée à toutes les manifestations qu'autorisent les modifications respectant ces symétries (apparitions de forces par changements de jauge, de champs de gravitation par changements de géométrie, etc., le tout pour une seule et même structure théorique).

Mais qu'en est-il du virtuel lui-même en quoi est censé s'enraciner le potentiel et qui se révèle ainsi comme source du possible ? Relativement aux sciences de la nature, nous le trouverons principalement dans l'autonomie et la vie des structures mathématiques elles-mêmes, qu'elles soient ou non appliquées à un secteur phénoménal. La diversité et l'unité de ces structures constituent un réservoir virtuel de constitutions de principes, quand bien même ce réservoir serait alimenté par des productions quasi-mathématiques seulement, suggérées, voire nécessitées, par la physique elle-même, comme ce fut le cas pour les infinitésimaux (créés et utilisés par Leibnitz, malgré les paradoxes

[27] Précisons d'emblée, pour éviter toute ambiguïté, que ces caractérisations ne correspondent pas, dans ce contexte, aux instances de la modalité de la table kantienne des catégories (nécessaire, possible, réel), car il ne s'agit pas là de l'analyse de l'entendement en général mais des modalités associées à la construction d'objectivité et des niveaux d'intelligibilité à quoi la théorisation fait appel dans ce mouvement.

logiques auxquels ils pouvaient donner naissance, paradoxes levés seulement récemment avec les justifications rigoureuses qu'a pu présenter l'Analyse Non Standard), puis pour les distributions (la "fonction" δ créée et introduite en physique quantique par Dirac bien avant que les distributions ne trouvent leur théorie mathématique avec L. Schwartz), et comme c'est encore actuellement le cas pour les intégrales de chemin (introduites en théorie quantique des champs par Feynmann et dont la théorie mathématique rigoureuse n'est pas encore achevée). En cela, on peut soutenir que les mathématiques constituent le champ de virtualité de toute objectivité scientifique et que, bien souvent, par rapport à cette objectivité, le plus difficile est d'en délimiter le champ de potentialité (les principes recteurs - les symétries et brisures de symétries pertinentes notamment - et leurs expressions mathématiques), bien plus encore que son domaine d'actualité - si formel que ce dernier puisse apparaître (les lois ou les modèles). Ce qui se révèle, d'ailleurs, spécialement vrai pour la physique puisque, comme nous n'avons cessé de le souligner au fil de cet ouvrage, les symétries et leurs traitements y détiennent actuellement un rôle privilégié du fait que, tout en restant essentiellement mathématiques, elles engendrent néanmoins des principes physiques. Ce faisant, elles constituent un pont, un élément de couplage essentiel, entre le virtuel mathématique et le potentiel physique.

Par ailleurs, un champ de virtualité est conceptuellement censé constituer une sorte d'unité organique d'où peuvent émerger, par différenciations et discriminations, les potentialités et actualisations qui le manifestent (déductibilité propre) et à laquelle on peut rapporter, par le mouvement d'explication et de compréhension (raisonnements par induction légalisante et abduction), les diversités phénoménales dont il est censé présenter l'abstraction la plus affinée. Or, ce sont les mathématiques qui actuellement présentent la configuration théorique qui allie, de la façon la plus intégrée et la plus opératoire, la générativité conceptuelle et calculatoire et l'unité organique la plus profonde en ce que les théories mathématiques et les structures qu'elles mobilisent savent s'intertraduire (Cavaillès 1962, Lautman 1977). C'est là une des raisons principales pour lesquelles il est utile de considérer que les mathématiques constituent le mode de traitement par excellence (axiomatique et rigoureux) du virtuel en général, qui, autrement, échappe à la saisie opératoire, même si on peut en avoir une appréhension intuitive. En cela le concept de virtuel, loin de se cantonner, quant à sa formalisation, dans les brumes de l'indétermination, acquiert une forme d'objectivité qui le rend conceptuellement traitable et opératoirement utilisable, celle-là même que détiennent et expriment les mathématiques.

Si, par ailleurs, on considère que les mathématiques expriment les formes et règles mêmes du fonctionnement le plus élaboré de l'esprit humain recherchant la rationalité, l'exactitude et la rigueur, on est conduit à examiner les liens étroits qui semblent exister entre cette spécificité à pouvoir traiter du virtuel et cette spécificité à pouvoir raisonner. Comme si la virtualité acceptable était nécessairement teintée de rationnel et comme si la rationalité devait toujours prendre en compte une dimension de virtualité.

Il est intéressant de noter, au passage, que les mathématiques elles-mêmes peuvent se prêter à ce genre d'analyse si on les considère un instant comme objet d'étude plus que comme discipline constituée. Mais, bien entendu, avec des modifications qui tiennent compte de la spécificité de la discipline et qui prennent en considération l'expression des courants différents se manifestant dans l'interprétation de l'activité mathématique et la nature de ses résultats. En effet, pour les mathématiciens classiques (plutôt formalistes et non intuitionnistes) et relativement au statut d'existence des entités mathématiques, les conditions de possibilité de l'existence coïncident avec les conditions de l'existence : le non-contradictoire (qui se présente ici comme le tenant-lieu du "possible") est aussi l'existant (le tenant-lieu, ici, de l'actuel ou du réel). En cela, pour ce courant des mathématiques, potentiel et actuel ne sauraient se distinguer et la virtualité se situerait, paradoxalement, peut-être, au niveau quasi platonicien d'un monde des idées qui ne demanderait qu'à être révélé. Ce que conteste vigoureusement le courant des mathématiciens intuitionnistes pour qui il existe bel et bien une pertinence de cette distinction : le non-contradictoire, comme "possible", se distingue fondamentalement de l'"existence" mathématique, comme "actuel", et le passage de l'un à l'autre est tributaire de la capacité d'élaborer une *construction* susceptible de faire passer de l'un à l'autre (de la puissance à l'acte, aurait pu dire Aristote). Ce type d'analyse recoupe, sans pourtant se confondre avec elle, l'approche qui voit également s'établir un rapport entre virtuel et potentiel dans les mathématiques elles-mêmes, selon les sensibilités (plus formaliste ou plus intuitionniste) des courants philosophiques qui les traversent, relativement au traitement et au statut conféré au concept d'infini (Salanskis 1989).

Quant aux phénomènes eux-mêmes - pour revenir à la pratique des sciences de la nature -, que l'on saisit par l'observation ou l'expérience, ils constituent un champ d'empiricité. Ce dernier reste évidemment fortement couplé au champ d'objectivité théorique que nous venons de considérer en tant qu'il s'en présente comme substrat nécessaire, mais il n'en fait pas vraiment partie intégrante en ce qu'il reste dans le cadre du particulier ou de l'induction généralisante (celle qui vise le "genre" et conduit du fait au fait), alors que c'est la classe universelle de phénomènes, abstraite certes par induction généralisante mais parvenant à une induction que l'on peut qualifier de légalisante (celle qui conduit du fait à la loi, cf. [Blanché 1973]), si ce n'est par déduction à partir de principes, qui fait l'objet de l'étude et de la formalisation proprement dites. C'est dans ce champ d'empiricité que se manifestent certaines des symétries et lois de conservation permettant ses premières catégorisations systématiques, mais c'est le rôle quasi normatif (prescriptif et non plus descriptif) que l'on confère à ces propriétés qui ouvre à son intelligibilité théorique.

7.3. LES SYMETRIES ET LE REEL

La connaissance du réel comme tel a, depuis la formulation de la philosophie critique de Kant, notamment (Kant 1986), été jugée comme hors de portée pour des raisons de principe : nous ne pouvons connaître que des phénomènes, les noumènes nous échappent, et la science, si subtile et élaborée soit-elle, n'est jamais qu'une science de ces phénomènes. Pourtant, la montée dans l'abstraction, la construction de structures formelles de plus en plus générales, contraignantes, prescriptives, déterminantes en un mot, qui se révèlent réguler non seulement les manifestations de ces phénomènes mais aussi la conceptualisation de leurs conditions de possibilité - comme le stipule et le spécifie la position philosophique du transcendantalisme -, laissent entrevoir une ouverture qui, si elle ne saurait prétendre à conforter l'espoir de connaître jamais positivement "le réel", autorise pourtant à nourrir le projet d'en *deviner* en quelque sorte des linéaments : certains éléments structurels fondamentaux, ceux-là mêmes qui font la cohérence et l'opérativité de nos démarches de connaissance, les sources de notre possibilité à élaborer conjointement des vérités-adéquation et des vérités-cohérence.

Les développements de la physique contemporaine ont révélé que parmi ces éléments essentiels de structure, les recours aux concepts de symétries et brisures de symétrie, comme aux théories mathématiques qui les formalisent et les traitent, détiennent actuellement un rôle essentiel dans la construction de l'objectivité scientifique et le développement de son intelligibilité, les deux pôles cognitifs principaux qui, selon une approche transcendantale moderne, viennent se substituer et suppléer à cette impossible connaissance du réel, qui néanmoins demeure sans cesse, au fil des avancées, comme un horizon inaccessible et pourtant toujours présent, du savoir (Gonseth 1948, Panza *et al.* 1992). Ce concept d'*horizon*, en physique et dans les sciences, a, depuis F. Gonseth, été développé, notamment, par J-P. Baton et G. Cohen-Tannoudji (Baton *et al.* 1989). L'horizon, selon les points de vue développés par ces auteurs, peut être (grossièrement) caractérisé par ce qui sépare, relativement à la démarche de connaissance scientifique, ce qui relève de la modalité du possible (le domaine du virtuel en quelque sorte) et ce qui relève de la modalité du réel (le domaine de l'accessibilité expérimentale et de l'obtention de résultats effectifs). Cette séparation est objective en ce qu'elle est définie au sein de la théorie elle-même qui la formule mathématiquement (par exemple par les inégalités de Heisenberg ou par la caractérisation d'éléments minimaux de temps, tel le temps de Planck), mais son existence ne s'oppose pas à la construction d'autres objectivités théoriques susceptibles de la déplacer, toujours d'un point de vue scientifique objectif, à l'image d'un horizon qui semble se déplacer au fur et à mesure de l'avancée de l'observateur.

Si l'on adopte un tel schéma d'analyse, il devient alors tentant de rapprocher au moins certains aspects du concept d'observabilité, que nous avons considéré dans un paragraphe précédent, de cette modalité de réalité ainsi que d'accessibilité effective, et certains aspects de l'inobservabilité qui lui est corrélée, de la modalité du possible. Dès lors, le couple conceptuel observable/inobservable s'articulerait autour de cette ligne d'horizon, tout à la fois objective et "mobile" selon la nature des propriétés considérées. De même, les indiscernabilités associées aux transformations de symétrie (et qui conservent dans le domaine du virtuel la détermination du "lieu" d'observation) se trouvent-elles couplées avec l'actualisation des invariants effectifs, conservés par dualité grâce à ces contraintes de symétrie, qui constituent le support de la mesure et de l'observation. Et de même, à un niveau différent de conceptualité, les symétries s'articulent-elles avec leurs brisures comme des paysages autour d'une ligne d'horizon qui s'enfuit, faisant venir à l'existence sensible des potentialités autrement cachées.

Dans le cadre de ce paysage, une question complémentaire se pose donc quant au statut de "réalité" des symétries dans les sciences : la symétrie, et *a fortiori* les relations logiques qui peuvent y être associées, sont-elles "objectives" ou renvoient-elles seulement à une façon de parler plus contemporaine que les façons de parler antérieures, qui conféraient un statut de réalité très fort à des forces et à des champs ? Or nous avons vu, lors de la discussion sur les théories de jauge notamment, que des transformations de jauge adéquates pouvaient faire apparaître ou disparaître des termes d'interaction dans les systèmes physiques qui y étaient soumis, ce qui tendait à relativiser le statut de ces forces ou champs (y compris dans le cadre de la relativité générale). Ainsi les contraintes que les considérations de symétrie entraînent sur les systèmes physiques auxquels elles s'appliquent apparaissent-elles encore plus profondes du point de vue de la construction d'objectivité que certaines de ces forces et de ces champs dont ils seraient le siège et qui permettent pourtant d'en prévoir et calculer les propriétés. Il s'agit-là, sans aucun doute, d'une autre façon de voir s'opérer cette substitution épistémique, mentionnée dès la première Variation, qui tend à cerner des fondements de principe plus abstraits et plus généraux encore et à remplacer ainsi la formulation de *lois* par celle de propriétés et de contraintes de *symétries*. Après la révolution galiléenne qui sut trouver dans les mathématiques le langage dans lequel était tissé ("écrit") l'univers, après le progrès associé à l'énoncé de principes de conservation et d'extrémalisation qui en fournit la "trame", la prise en compte des symétries et de leurs brisures permet d'accomplir un pas supplémentaire : pour filer encore un peu la métaphore, on peut dire qu'elles en exhibent la "chaîne", ce que, après la considération des lois et des principes, nous pouvons appeler sa **structure intelligible**. Ce qui, mieux que tout autre discours, éclaire le titre que nous avons donné à cet ouvrage. Car celui-ci cherche moins à faire la promotion intellectuelle ou esthétique des idées de symétrie et de brisure de symétrie qu'à montrer pourquoi et comment elles sont devenues incontournables et fondatrices dans la conceptualité et l'opérativité des sciences contemporaines, voire dans le savoir scientifique de notre temps. Un peu à l'instar, répétons-le, de ce qu'étaient devenues les idées de force, puis de champ, dans les théories, certes, mais aussi dans les représentations culturelles du 17ème au 20ème siècle. Tentons d'approfondir brièvement ce point.

Dans le tableau général que nous avons essayé de dresser, il convient sans doute de réserver en effet une place un peu particulière aux propriétés de symétrie et de dissymétrie qui affectent l'espace et le temps, si nous nous plaçons d'un point de vue qui ne soit plus strictement physique, cette fois, mais qui se focalise plutôt sur la dimension gnoséologique elle-même. Espace et temps ne sont plus considérés alors comme des quantités ou des "objets" que l'on étudie, pas même comme des catégories, mais bien comme des "formes *a priori* de l'intuition sensible" et comme des conditions de possibilité de toute expérience sensible (Kant 1986). Mais par ailleurs, on peut faire la remarque qu'en fait, les notions abstraites d'espace et de temps semblent bien renvoyer, au niveau le plus profond de l'analyse formelle que l'on peut en faire, aux structures mathématiques de groupe et de semi-groupe, respectivement. En effet, les propriétés postulées pour l'espace en tant que "lieu" ou "support" des déplacements en font le partenaire nécessaire et exemplaire du groupe correspondant, c'est-à-dire des symétries associées. Et compte tenu des remarques présentées dans la Variation précédente sur les parentés entre structure mathématique de groupe et relation logique d'équivalence, nous voyons se constituer une sorte de complexe abstrait qui représente sans doute un des pôles fondamentaux de toute interprétation objective soumise aux démarches de connaissance, à savoir le complexe <espace, structure de groupe, relation d'équivalence>.

Parallèlement, les propriétés postulées d'orientation du cours du temps en tant qu'indice de tout changement font fortement penser à la structure abstraite de semi-groupe dont elles semblent reproduire les caractéristiques. Cette structure de semi-groupe a, pour sa part, été mise en rapport (toujours dans la même Variation) avec la relation d'ordre, ce qui conduit à envisager une seconde sorte de complexe de repérage cognitif, celui de <temps, structure de semi-groupe, relation d'ordre>. Répétons, pour éviter toute confusion, que les espace et temps évoqués dans ces complexes ne renvoient plus vraiment à des entités physiques proprement dites, mais bien plutôt aux cadres conceptuels qui sont censés permettre à toute physique de se manifester, c'est-à-dire à des conditions de possibilité abstraites et non à des actualisations effectives. Cela étant bien précisé, il apparaît, si cette approche est correcte, qu'avec la formation de ces deux pôles (renvoyant aux sémantiques respectives de permanence et de changement, de stabilité et d'évolution, d'identité et de différenciation,...) se trouverait entièrement balisé le champ des conditions de possibilité de toute science de la nature. En ce sens, les symétries et brisures de symétries, associées à ces complexes gnoséologiques, apparaissent non seulement comme des éléments de structuration du réel physique, mais même comme des facteurs de constitution d'un tel réel.

Ces traits se manifestent de façon d'autant plus sensible qu'il peut parfois s'agir d'approcher, voire de formaliser, au moyen de ces concepts, des domaines plus ou moins nettement définis par des notions encore peu claires, ambiguës ou encore en débat : ainsi en va-t-il par exemple dans certains cas des notions complémentaires d'*ordre* et de *désordre*, ou encore de la notion de *complexité*. Les structures les plus symétriques sont-elles les plus ordonnées et ces dernières sont-elles les moins complexes ?

La théorie de la complexité algorithmique semble bien montrer, d'accord en cela avec ce que suggère l'intuition, que le plus complexe est le moins réductible et que le moins réductible est aussi le moins symétrique si l'on entend par là l'impossibilité de caractériser par des règles générales dépassant le simple niveau descriptionnel certaines parties d'une totalité. Néanmoins, il est bien connu que certaines figures qui paraissent particulièrement complexes (notamment des géométries fractales du genre des ensembles de Julia ou de Mandelbrot, ou encore des attracteurs du type Feigenbaum ou Lorenz) sont justiciables d'une formulation mathématique étonnamment simple, qui résume en des équations lapidaires des propriétés fort difficiles à décrire et même à répertorier exhaustivement. Les caractéristiques de la détermination abstraite semblent ne correspondre en rien à celles de la description concrète au niveau des phénomènes et il faut introduire des concepts nouveaux (tels ceux d'entropie topologique ou d'entropie métrique) appliqués aux objets correspondants pour en élaborer une description intermédiaire qui prenne en compte la réalité "phénoménale" que l'on cherche à cerner au-delà (ou en deçà) de la détermination mathématique globale qui peut présenter des "symétries" internes tout à fait inattendues.

De même, que penser du fait que le plus désordonné est, d'une part, ce qui semble apparaître à une échelle d'analyse comme le plus facilement descriptible en termes d'homogénéité donc de symétrie et d'entropie élevées (pensons à un gaz parfait dans une enceinte) et, d'autre part, ce qui, à une autre échelle, semble comme le moins aisément rapportable à des règles précises ? De façon complémentaire, du côté de l'ordonné, un ordre cristallin est réductible à la spécification d'un motif et à la donnée de ses périodicités spatiales, ce qui semble éminemment simple, mais d'un autre côté, une organisation biologique qui répond à un ordre fonctionnel précis peut échapper complètement à une telle simplicité descriptive (anatomique, cette fois). Si la complexification semble bien intimement associée, à un niveau d'analyse et à une échelle donnés, à des séquences successives de brisures de symétries, il convient de prendre conscience que complexité comme ordre ou désordre sont des notions éminemment relatives, et même doublement relatives : à l'échelle ou au niveau d'investigation, d'une part, à la description phénoménale ou à la conceptualisation formelle de l'autre. La capacité à déceler des symétries ou des brisures et à théoriser en ces termes permet de contribuer à conférer une objectivité un peu plus grande à des intuitions parfois contradictoires en la matière.

Enfin, et pour conclure en corrigeant un peu tout ce que peuvent sembler avoir de trop normatif les analyses et orientations qui précèdent, nous rappellerons, pour le souligner, le fait essentiel que, dans la pratique de son exercice créateur, la recherche fait feu de tout bois et ne se soumet à aucun modèle *a priori* qui la normerait dans sa démarche investigatrice. Elle relève d'un imaginaire qui allie sans précautions excessives le linguistique, le philosophique, le représentationnel, le conceptuel, et bien d'autres dimensions encore, parmi lesquelles l'esthétique n'est pas la moins active. Elle utilise aussi bien le raisonnement déductif, l'induction, l'abduction, l'association, le sentiment artistique, que la poésie du "climat" qu'une problématique se révèle susceptible de distiller. La recherche, en ses investigations, ne se conforme pas à l'image que pourrait en suggérer la reconstruction rationnelle des résultats qu'elle atteint, conduisant à l'exposé et la transmission de ces résultats. Ce que certains désignent comme le "contexte de la découverte" ne coïncide qu'exceptionnellement avec ce qu'ils appellent le "contexte de l'exposition". Pourtant, parfois, certaines lignes de force semblent pérennes et quasi-invariantes, comme s'il existait des invariants d'inspiration, voire des invariants cognitifs. Et parmi ces lignes de force, historiquement repérables sur la longue période, semblent bien figurer le recours, spontané d'abord, puis réfléchi et délibéré ensuite, à des propriétés de symétrie et à leurs brisures.

REFERENCES DE LA VARIATION 7 (CONCLUSION)

J-P. BATON et G. COHEN-TANNOUDGI, *L'horizon des particules*, Gallimard 1989

R. BLANCHE, *Le raisonnement*, PUF 1973

J. CAVAILLES, *Philosophie mathématique*, Hermann 1962

A. A. FRAENKEL, Y. BAR HILLEL, and A. LEVY, *Foundations of Set Theory*, North-Holland 1984

F. GONSETH, *Remarque sur l'idée de complémentarité*, Dialectica, n°7, 1948

E. KANT, *Critique de la raison pure*, PUF 1986

A. LAUTMAN, *Essai sur l'unité des mathématiques*, UGE 1977

C. LOBRY, *Et pourtant... ils ne remplissent pas **N** !* , Aleas 1989

M. PANZA et J-C. PONT (Eds), *Espace et horizon de réalité. Philosophie mathématique de Ferdinand Gonseth*, Masson 1992

C. S. PEIRCE, *Ecrits sur le signe*, Seuil 1978

J-M. SALANSKIS, *Le potentiel et le virtuel*, in: La mathématique non standard (H. Barreau et J. Harthong Eds), Ed. CNRS 1989

S. SHAPIRO, *Second Order Languages and Mathematical Practice*, Journ. Symb. Logic, **50**, 1985

YU. I. MANIN, *A Course in Mathematical Logic*, Springer 1984

Sciences

aux éditions L'Harmattan

Dernières parutions

MILLE ANS D'ASTRONOMIE ET DE GÉOPHYSIQUE
D'Aristote au haut Moyen Âge
De Felice Pierre
Le ciel et la terre sont observés depuis la plus haute antiquité. Ne disposant pas d'instruments de mesure appropriés, les hommes proposent des explications incluant l'action divine ou s'en affranchissant. D'Aristote (IVe siècle avant J.-C.) jusqu'à Isidore de Séville (VIe-VIIe siècles après J.-C.), les auteurs grec, latin, médiéval ont compilé et décrit les connaissances de leur temps sur les astres, les phénomènes atmosphériques et géophysiques en tentant de démythifier le monde qui les entoure. Ce livre illustre aussi le difficile processus de naissance de la connaissance.
(Coll. Acteurs de la Science, 14.00 euros, 128 p., Illustré en noir et blanc)
ISBN : 978-2-343-03816-2, ISBN EBOOK : 978-2-336-36544-2

CE MONDE QUI VIENT
Sciences, matérialisme et posthumanisme au XXIe siècle
Basquiat Jean-Paul - Préface de Paul Basquiat
Le monde qui vient sera ce que nous en ferons. Encore faut-il avoir le courage de regarder l'avenir en face. C'est à cet effort salutaire que cet opuscule invite le lecteur. Appuyé sur les recherches les plus pointues, il propose de décrypter sous tous ses aspects le monde nouveau porté par l'évolution des sciences et des techniques.
(Coll. Questions contemporaines, 10.00 euros, 66 p.)
ISBN : 978-2-343-05055-3, ISBN EBOOK : 978-2-336-36475-9

MANUEL DES PROBABILITÉS OU MATHÉMATIQUES DE L'INCERTAIN
Laloire Jean-Claude - Préface de Michel Delecroix
Ce manuel présente les aspects pratiques de l'analyse des données et les aspects théoriques des probabilités. Cela permet à la fois de comprendre les phénomènes observés, d'en déduire une prévision et ainsi de se projeter vers l'avenir avec un maximum de sécurité. Les méthodes proposées s'appliquent aussi bien aux sciences humaines qu'aux sciences biologiques et médicales et sont mises en pratique à l'aide de nombreux exercices corrigés.
(48.00 euros, 504 p.)
ISBN : 978-2-343-04627-3, ISBN EBOOK : 978-2-336-36043-0

VALEUR (LA) DE L'ESPÈCE
La biodiversité en questions
Lherminier Philippe
Philippe Lherminier est généticien; il propose de s'interroger sans faux-semblant sur la valeur de l'espèce. Que perd-on lorsqu'une espèce s'éteint ? Quelle valeur disparaît ? Il y a de multiples réponses : l'espèce vaut parce qu'elle est utile ou inutile, abondante ou rare, connue ou inconnue, ancienne ou récente, proche ou lointaine, ressemblante ou différente de l'homme, comprise ou mystérieuse.
(Coll. Acteurs de la Science, 13.50 euros, 128 p.)
ISBN : 978-2-343-04141-4, ISBN EBOOK : 978-2-336-35913-7

QUESTIONNEMENTS D'UN OCÉANOGRAPHE
Une immersion dans le monde de la recherche et les questions éthiques qu'elle soulève
Pichevin Thierry
Ce livre décrit de l'intérieur le travail de recherche en océanographie physique de Thierry Pichevin, son contexte, ses méthodes et ses enjeux procurant ainsi au lecteur une immersion dans le quotidien d'un chercheur. D'autre part, il procède à l'analyse éthique rigoureuse des questionnements rencontrés, tout en montrant que tout chercheur peut être confronté à des questionnements comparables.
(22.00 euros, 226 p.)
ISBN : 978-2-343-03444-7, ISBN EBOOK : 978-2-336-35786-7

À L'OMBRE DES FORÊTS
Usages, images et imaginaires de la forêt
Sous la direction de Philippe Billet, Claire Harpet et Jean-Philippe Pierron
Qu'est-ce qu'une forêt ? De quoi sont faites les forêts ? Nous construisons tous une image de la forêt empreinte de vécus et d'imaginaires, procédant d'une accumulation de souvenirs, de connaissances et de représentations médiatiques et institutionnelles. A l'aune d'une prise de conscience de la finitude des ressources naturelles et du changement climatique, il est fondamental de savoir ce que la «forêt» veut dire.
(Coll. Éthique, droit et développement durable, 26.00 euros, 248 p.)
ISBN : 978-2-343-02807-1, ISBN EBOOK : 978-2-336-35819-2

UN BOTANISTE AUTOUR DU MONDE
Afrique, Amérique, Australie
Delange Yves
L'auteur, botaniste, nous invite à la découverte des différents milieux naturels peu connus des Européens, notamment ceux encore peu altérés par la civilisation et caractéristiques de formations extrêmement riches sur le plan de la diversité biologique, tels que les mattorales ou hauts plateaux mexicains, le bush, le veld et le fynbos en Afrique australe, ou encore le mulga, le mallee et la jarrah forest australiens.
(Coll. Biologie, écologie, agronomie, 25.00 euros, 256 p.)
ISBN : 978-2-343-03492-8, ISBN EBOOK : 978-2-336-35415-6

VOYAGES D'UN BOTANISTE EN EURASIE
France, Scandinavie, Italie, Grèce, Japon, Inde, Cambodge
Delange Yves
L'auteur, botaniste, nous présente ici nombre d'espèces végétales, à travers ses récits de voyages, des pays du nord de l'Europe jusque dans la lointaine Asie, avec des séjours dans différents espaces méditerranéens. Il livre également de nombreuses informations recueillies au cours de rencontres avec différentes cultures, concernant les productions agricoles, l'alimentation, les traditions culinaires, mais aussi diverses spiritualités vouées aux cultes de la nature, en Inde et en Extrême-Orient.
(Coll. Biologie, écologie, agronomie, 21.50 euros, 224 p.)
ISBN : 978-2-343-03491-1, ISBN EBOOK : 978-2-336-35416-3

COELACANTHE (LE), UNE ESPÈCE ANIMALE À L'ÉPREUVE DES MÉDIAS
Barrère Florent
Le coelacanthe est l'objet de bien des fantasmes : affaire commerciale dans les îles Comores ; course au «spécimen» naturalisé dans les muséums ; étude anatomique dans le seul but de conforter l'hypothèse du «grand-père de l'Homme»... Devenu à ses dépens vedette médiatique, le coelacanthe s'extraira de ce marasme par un retour à son objet scientifique initial : dans les années quatre-vingt, le coelacanthe est enfin filmé dans son milieu naturel.
(Coll. Champs visuels, 20.00 euros, 192 p.)
ISBN : 978-2-296-99785-1, ISBN EBOOK : 978-2-296-53096-6

RÉSEAUX (LES) DE NEURONES DE LA CONSCIENCE
Approche multidisciplinaire du phénomène
Rollet Guy
Cet ouvrage vise à la compréhension de la conscience. Il apparaît que les neurosciences computationnelles apportent incontestablement des éléments décisifs. Un réseau de neurones original est conçu pour coder une conscience *stricto sensu*, capable de raisonnement et de prise de décision. Celle-ci peut être orientée par les émotions. La capacité d'agir, la composition du Soi et la verbalisation de la pensée peuvent alors être envisagées.
(Coll. Biologie, écologie, agronomie, 25.00 euros, 240 p.)
ISBN : 978-2-336-00597-3, ISBN EBOOK : 978-2-296-51375-4

SCIENCE (LA), SYMPTÔME DE L'OCCIDENT
Le «comment» des impasses de la recherche scientifique occidentale
Thiebert Lawrence
Et si les scientifiques avaient trop compliqué leur processus de démonstration ? Et si la démonstration, peu concluante, s'embourbait simplement parce qu'elle relève en vrai d'un raisonnement paralogique psychiatrique tel que celui que l'on rencontre dans le discours du paranoïaque, discours logique certes mais qui part d'un postulat faux ? Nous sous-entendons ici que cette hypothèse est fort probable.
(Coll. Pensée Africaine, 13.00 euros, 116 p.)
ISBN : 978-2-296-97025-0, ISBN EBOOK : 978-2-296-50278-9

CHERCHEURS, ÉTHIQUES ET SOCIÉTÉS

L'avenir de l'avenir

Patrice Thierry

Peu appréhendée par les décideurs, la biologie conditionnera nos sociétés, les rapports entre les hommes, entre eux et l'environnement. Le monde de la recherche est mal connu, parfois mal aimé ou craint. Il semble donc utile d'instituer un débat pour préciser les objectifs, les moyens, l'information et la vulgarisation, la propriété des résultats et l'appréhension des conséquences de la recherche en biologie.

(Coll. Ethique et pratique médicale, 31.00 euros, 298 p.)

ISBN : 978-2-296-57790-9, ISBN EBOOK : 978-2-296-50418-9

CAMILLE ARAMBOURG. UN PALÉONTOLOGUE, DE L'ALGÉRIE À L'AFRIQUE PROFONDE

Hadjouis Djillali - Préface de Yves Coppens

Depuis les plaines sahéliennes d'Oran à la Vallée de l'Omo en Éthiopie, en passant par les côtes du littoral atlantique, jusqu'au Moyen-Orient, Camille Arambourg aura fait connaître, au cours de ses recherches, non seulement les fossiles de l'Afrique mais également ceux des autres régions du monde. Ce livre retrace le parcours de cet homme qui identifia plus de 230 taxons (familles, genres, espèces) de mammifères et de poissons.

(Coll. Acteurs de la Science, 25.00 euros, 242 p.)

ISBN : 978-2-296-96391-7

SCIENCE (LA), CREUSET DE L'INHUMANITÉ

Décoloniser l'imaginaire occidental

Royer Jean-Marc

En 1610, Galilée promeut un mode de connaissance qui se veut une lecture mathématique de l'Univers. Face à lui, l'Église. Un long combat s'engage alors, lois contre lois. Un siècle et demi plus tard, tandis que naît la fabrique industrielle basée sur le charbon, les philosophes optent pour ces «lumières». Ce savoir qui voulait mettre la subjectivité à distance aura réussi au-delà de toute espérance : c'est l'être humain que la rationalité calculatrice a rendu obsolète.

(Coll. Questions contemporaines, 23.00 euros, 218 p.)

ISBN : 978-2-296-96233-0

COMMENT L'HOMME QUITTA LA TERRE

Marc Jacques

L'auteur déroule ici une chronique des croyances, pensées et idées qui ont inspiré, tout au long des millénaires, philosophes et poètes, rêveurs et empiriques, bricoleurs et ingénieurs tandis qu'avançaient les sciences et les techniques permettant de concrétiser un des plus grands rêves de l'humanité : «voguer» dans l'espace jusque vers les étoiles.

(Coll. Acteurs de la Science, 15.50 euros, 152 p.)

ISBN : 978-2-296-96490-7

L'Harmattan Italia
Via Degli Artisti 15; 10124 Torino

L'Harmattan Hongrie
Könyvesbolt ; Kossuth L. u. 14-16
1053 Budapest

L'Harmattan Kinshasa
185, avenue Nyangwe
Commune de Lingwala
Kinshasa, R.D. Congo
(00243) 998697603 ou (00243) 999229662

L'Harmattan Congo
67, av. E. P. Lumumba
Bât. – Congo Pharmacie (Bib. Nat.)
BP2874 Brazzaville
harmattan.congo@yahoo.fr

L'Harmattan Guinée
Almamya Rue KA 028, en face
du restaurant Le Cèdre
OKB agency BP 3470 Conakry
(00224) 657 20 85 08 / 664 28 91 96
harmattanguinee@yahoo.fr

L'Harmattan Mali
Rue 73, Porte 536, Niamakoro,
Cité Unicef, Bamako
Tél. 00 (223) 20205724 / +(223) 76378082
poudiougopaul@yahoo.fr
pp.harmattan@gmail.com

L'Harmattan Cameroun
BP 11486
Face à la SNI, immeuble Don Bosco
Yaoundé
(00237) 99 76 61 66
harmattancam@yahoo.fr

L'Harmattan Côte d'Ivoire
Résidence Karl / cité des arts
Abidjan-Cocody 03 BP 1588 Abidjan 03
(00225) 05 77 87 31
etien_nda@yahoo.fr

L'Harmattan Burkina
Penou Achille Some
Ouagadougou
(+226) 70 26 88 27

L'Harmattan Sénégal
10 VDN en face Mermoz, après le pont de Fann
BP 45034 Dakar Fann
33 825 98 58 / 33 860 9858
senharmattan@gmail.com / senlibraire@gmail.com
www.harmattansenegal.com

L'Harmattan Bénin
ISOR-BENIN
01 BP 359 COTONOU-RP
Quartier Gbèdjromèdé,
Rue Agbélenco, Lot 1247 I
Tél : 00 229 21 32 53 79
christian_dablaka123@yahoo.fr

Achevé d'imprimer par Corlet Numérique - 14110 Condé-sur-Noireau
N° d'Imprimeur : 121679 - Dépôt légal : septembre 2015 - *Imprimé en France*